Begründung der erfinderischen Tätigkeit

Thomas Heinz Meitinger

Begründung der erfinderischen Tätigkeit

Die Verfahren vor dem DPMA, dem EPA und dem BPatG

Thomas Heinz Meitinger
Meitinger Patentanwalts GmbH
München, Deutschland

ISBN 978-3-662-71421-8   ISBN 978-3-662-71422-5 (eBook)
https://doi.org/10.1007/978-3-662-71422-5

Die Deutsche Nationalbibliothek verzeichnet diese Publikation in der Deutschen Nationalbibliografie; detaillierte bibliografische Daten sind im Internet über https://portal.dnb.de abrufbar.

© Der/die Herausgeber bzw. der/die Autor(en), exklusiv lizenziert an Springer-Verlag GmbH, DE, ein Teil von Springer Nature 2025

Das Werk einschließlich aller seiner Teile ist urheberrechtlich geschützt. Jede Verwertung, die nicht ausdrücklich vom Urheberrechtsgesetz zugelassen ist, bedarf der vorherigen Zustimmung des Verlags. Das gilt insbesondere für Vervielfältigungen, Bearbeitungen, Übersetzungen, Mikroverfilmungen und die Einspeicherung und Verarbeitung in elektronischen Systemen.
Die Wiedergabe von allgemein beschreibenden Bezeichnungen, Marken, Unternehmensnamen etc. in diesem Werk bedeutet nicht, dass diese frei durch jede Person benutzt werden dürfen. Die Berechtigung zur Benutzung unterliegt, auch ohne gesonderten Hinweis hierzu, den Regeln des Markenrechts. Die Rechte des/der jeweiligen Zeicheninhaber*in sind zu beachten.
Der Verlag, die Autor*innen und die Herausgeber*innen gehen davon aus, dass die Angaben und Informationen in diesem Werk zum Zeitpunkt der Veröffentlichung vollständig und korrekt sind. Weder der Verlag noch die Autor*innen oder die Herausgeber*innen übernehmen, ausdrücklich oder implizit, Gewähr für den Inhalt des Werkes, etwaige Fehler oder Äußerungen. Der Verlag bleibt im Hinblick auf geografische Zuordnungen und Gebietsbezeichnungen in veröffentlichten Karten und Institutionsadressen neutral.

Springer Vieweg ist ein Imprint der eingetragenen Gesellschaft Springer-Verlag GmbH, DE und ist ein Teil von Springer Nature.
Die Anschrift der Gesellschaft ist: Heidelberger Platz 3, 14197 Berlin, Germany

Wenn Sie dieses Produkt entsorgen, geben Sie das Papier bitte zum Recycling.

Vorwort

Ein Patent kann für ein Unternehmen ein sehr wichtiges Asset sein. Der Weg dorthin ist jedoch steinig. Nur Erfindungen, die bislang noch nirgends zu finden sind und die außerdem eine erfinderische Leistung aufweisen, werden zum Patent erteilt. Die wichtigen Kriterien zur Patenterteilung sind daher Neuheit und erfinderische Tätigkeit.

Die Begründung der erfinderischen Tätigkeit entscheidet regelmäßig in den Erteilungsverfahren vor den Patentämtern, dem Deutschen Patent- und Markenamt DPMA und dem Europäischen Patentamt EPA, und bei streitigen Verfahren vor dem Bundespatentgericht BPatG über den Ausgang des Verfahrens. Dem Patentierungskriterium der erfinderischen Tätigkeit gebührt daher die größte Beachtung.

Eine Erfindung ist neu, wenn sie keinem Dokument oder sonstigen Veröffentlichung vor dem Anmelde- bzw. Prioritätstag entnommen werden kann. Eine Erfindung beruht auf erfinderischer Tätigkeit, wenn sie für den Durchschnittsfachmann nicht naheliegend ist. In Erteilungsverfahren vor den Patentämtern und in streitigen Verfahren vor dem Bundespatentgericht gibt es selten Meinungsverschiedenheiten wegen der Bewertung der Neuheit eines Patentanspruchs. Es kann eindeutig festgestellt werden, ob der Gegenstand eines Patentanspruchs in einer Entgegenhaltung des Stands der Technik enthalten ist oder nicht.

Das Kriterium der erfinderischen Tätigkeit ist jedoch in der Praxis schwierig zu beurteilen. Es stellt sich dann die Frage, was naheliegend ist und auf was der Fachmann nicht so einfach gekommen wäre. Mit einer geschickten Begründung kann im Zweifel noch eine Patenterteilung erreicht werden, die bei einer weniger geeigneten Argumentation zur erfinderischen Tätigkeit chancenlos wäre. Dieses Buch soll mit praktischen Tipps helfen, die Hürde der Erfindungshöhe zu nehmen bzw. in einem streitigen Verfahren vor dem Bundespatentgericht erfolgreich gegen die erfinderische Tätigkeit des Patents eines Konkurrenten zu argumentieren.

In diesem Fachbuch werden auch die theoretischen Grundlagen des Patentrechts vermittelt, um ein fundiertes Verständnis für die erfolgreiche Begründung der erfinderischen Tätigkeit gemäß dem Patentgesetz zu schaffen.

München
im Januar 2025

Dr. Thomas Heinz Meitinger

Interessenkonflikt Der/die Autor*in hat keine für den Inhalt dieses Manuskripts relevanten Interessenkonflikte.

Inhaltsverzeichnis

1	**Die Geschichte der erfinderischen Tätigkeit**	1
1.1	Das erste deutsche Patentgesetz von 1877	1
1.2	Entwicklung bis zum Patentgesetz von 1978	2
1.3	Patentgesetz von 1978	2
2	**Grundlagen des Patentrechts**	3
2.1	DPMA, EPA, BPatG und EPG	4
2.2	Die Erfindung	5
2.3	Technischer Charakter	6
2.4	Veröffentlichungen des Stands der Technik	6
2.5	Ausführbarkeit	6
2.6	Neuheit	7
2.7	Erfinderische Tätigkeit	7
2.8	Gewerbliche Anwendbarkeit	8
2.9	„Erfinderische Tätigkeit" des Patents versus „erfinderischer Schritt" des Gebrauchsmusters	8
2.10	Kein Patentschutz	10
2.11	Kein Verbietungsrecht	10
3	**Der patentrechtliche Fachmann**	11
3.1	Aufgabe des Fachmanns	14
3.2	Bedeutung des Fachmanns	15
3.3	Bestimmung des Fachmanns	16
3.4	Fiktiver Fachmann	16
3.5	Durchschnittsfachmann	17
3.6	Fachwissen	17
3.7	Fachkönnen	19
3.8	Bestimmung des Fachmanns durch den befassten Richter	20
3.9	Team von Fachleuten	20

3.10	Technische Nachbargebiete	20
3.11	Weiterentwicklung des Fachmanns	21

4 Auslegung der Ansprüche 23
- 4.1 Zweck der Auslegung 27
- 4.2 Hauptanspruch, Nebenanspruch, Unteransprüche, unabhängige und abhängige Ansprüche 27
- 4.3 Anspruchskategorien 28
- 4.4 Wortlautgemäße Auslegung 28
- 4.5 Systematische Auslegung 29
- 4.6 Teleologische Auslegung 30
- 4.7 Funktionsorientierte Auslegung 30
- 4.8 Der Fachmann als Maßstab der Auslegung 31

5 Die erfinderische Tätigkeit 33
- 5.1 Unbestimmter Rechtsbegriff der „erfinderischen Tätigkeit" 35
- 5.2 Aufgabe des Kriteriums der erfinderischen Tätigkeit 36
- 5.3 Erfinderischer Schritt eines Gebrauchsmusters 37
- 5.4 Objektive Bewertung der erfinderischen Tätigkeit 37
- 5.5 Nicht-technische Merkmale 38
- 5.6 Stand der Technik 39
- 5.7 Nächstliegender Stand der Technik 39
- 5.8 Nachveröffentlichter Stand der Technik 41
- 5.9 Technische Aufgabe 42
- 5.10 Verbot rückschauender Betrachtung 43
- 5.11 Naheliegen 44
- 5.12 Could-Would-Test 46
- 5.13 Prüfungsschema des deutschen Patentamts 47
- 5.14 Aufgabe-Lösungs-Ansatz des europäischen Patentamts 48
- 5.15 Unterschiede DPMA und EPA 50

6 Indizien für erfinderische Tätigkeit 53
- 6.1 Abänderung von bereits Bekanntem 55
- 6.2 Abkehr von bislang Gebräuchlichem 55
- 6.3 Abmessungen 55
- 6.4 Abstraktion 55
- 6.5 Abzusehende Schwierigkeiten 56
- 6.6 Allgemeines Fachwissen 56
- 6.7 Analoge Anwendung 56
- 6.8 Anderes technisches Gebiet 56
- 6.9 Anzahl der erforderlichen Entgegenhaltungen 56
- 6.10 Aufgabenerfindung 57

6.11	Aufgreifen der Erfindung durch die Fachwelt	57
6.12	Auswahlerfindung	57
6.13	Automatisierung/Computerisierung/Digitalisierung	57
6.14	Bekannter Bonus-Effekt	58
6.15	Dringendes Bedürfnis	58
6.16	Einfachheit der Erfindung	58
6.17	Erfolgserwartung	59
6.18	Gattungsfremder Stand der Technik	59
6.19	Glücklicher Griff/Zufall	59
6.20	Handwerkliches Können/konstruktive Maßnahmen	60
6.21	Hohe Entwicklungstätigkeit	60
6.22	Junges technisches Gebiet	61
6.23	Kaufmännische Leistung	61
6.24	Kein Stand der Technik	61
6.25	Kinematische Umkehr	61
6.26	Kombinationserfindung	61
6.27	Kostengünstige Herstellung	62
6.28	Kumulieren von Merkmalen	62
6.29	Langer Zeitraum	62
6.30	Lizenzvergabe	63
6.31	Lob der Fachwelt	63
6.32	Massenartikel	63
6.33	Materialwahl	63
6.34	Mehrere Schritte	64
6.35	Mehrfacherfindungen	64
6.36	Mitbenutzungsrechte	64
6.37	Nachahmung	64
6.38	Nachfolgende Erfindungen	65
6.39	Nachteile des Stands der Technik	65
6.40	Neuer Weg	65
6.41	Nützlichkeit	65
6.42	Obvious-to-try	66
6.43	Optimierung	66
6.44	Parallelanmeldungen	66
6.45	Planmäßige und systematische Arbeiten	66
6.46	Praktische Bewährung	67
6.47	Routine	67
6.48	Rüstzeug des Fachmanns	67
6.49	Stoffaustausch	67

6.50	Technischer Fortschritt	67
6.51	Technisches Vorurteil	68
6.52	Trial and error/Versuche	69
6.53	Übertragungserfindung	69
6.54	Verwendung	69
6.55	Vorteile	69
6.56	Willkürliche Auswahl aus einer Vielzahl von Varianten	70
6.57	Wirtschaftlicher Erfolg	70
6.58	Zeit als Kriterium	70
6.59	Zwangsläufige Entwicklung	71
6.60	Zweckmäßige Maßnahmen	71

7 Beispiele aus der Praxis 73
- 7.1 Grundsätzliche Vorgehensweise 74
- 7.2 Nächstliegender Stand der Technik 76
- 7.3 Unterscheidungsmerkmale 76
- 7.4 Aufgabe der Erfindung 76
- 7.5 Beispiel 1: Vorrichtung zum Sieben von Kompost 76
- 7.6 Beispiel 2: Reitgerte 80
- 7.7 Beispiel 3: Mähdrescher 83
- 7.8 Beispiel 4: Düngevorrichtung im Mähdrescher 89
- 7.9 Beispiel 5: Einkaufswagen mit Objekthalterung 90
- 7.10 Beispiel 6: Schiebegriff eines Einkaufswagens 91
- 7.11 Beispiel 7: Verriegelungsvorrichtung für einen Einkaufswagen 100
- 7.12 Beispiel 8: Kunststoffembleme 106
- 7.13 Beispiel 9: Physiotherapeutisches Gerät zur Rehabilitation 108
- 7.14 Beispiel 10: Eckverbindung für Blechkanäle 112

Stichwortverzeichnis 121

Über den Autor

Dr. Thomas Heinz Meitinger ist deutscher und europäischer Patentanwalt. Er ist der Geschäftsführer der Meitinger Patentanwalts GmbH. Die Meitinger Patentanwalts GmbH ist eine mittelständische Patentanwaltskanzlei in München. Nach einem Studium der Elektrotechnik in Karlsruhe arbeitete er zunächst als Entwicklungsingenieur. Spätere Stationen waren Tätigkeiten als Produktionsleiter und technischer Leiter in mittelständischen Unternehmen. Dr. Meitinger veröffentlicht regelmäßig wissenschaftliche Artikel, schreibt Fachbücher zum gewerblichen Rechtsschutz und zu technischen Themen. Er hält Vorträge zum Patent-, Marken- und Designrecht. Dr. Meitinger ist Dipl.-Ing. (Univ.) und Dipl.-Wirtsch.-Ing. (FH). Außerdem führt er folgende Mastertitel: LL.M., LL.M., MBA, MBA, M.A. und M.Sc.

Abkürzungsverzeichnis

ABl. EPA	Amtsblatt des Europäischen Patentamts
BeckOK	Beck´sche Online-Kommentare
BeckRS	Beck-Rechtsprechung (Entscheidungsdatenbank von Beck-Online)
BGH	Bundesgerichtshof
BGHZ	Entscheidungen des Bundesgerichtshofes in Zivilsachen
BlPMZ	Blatt für Patent-, Muster- und Zeichenwesen
BPatG	Bundespatentgericht
DPMA	Deutsches Patent- und Markenamt
EPA	Europäisches Patentamt
EPA G	Rechtsprechung der Großen Beschwerdekammer des Europäischen Patentamts
EPA T	Rechtsprechung der Technischen Beschwerdekammern des Europäischen Patentamts
EPG	Einheitliches Patentgericht (auch UPC: Unified Patent Court)
EPÜ	Europäisches Patentübereinkommen
GRUR	Gewerblicher Rechtsschutz und Urheberrecht
GRUR-RS	Rechtsprechungssammlung
GRUR Int	GRUR International
Mitt.	Mitteilungen der deutschen Patentanwälte
NJW	Neue Juristische Wochenschrift
PatG	Patentgesetz
RG	Reichsgericht
RGZ	Sammlung der Entscheidungen des Reichsgerichts
Rn.	Randnummer
VPP Rdbr	Rundbrief der Vereinigung von Fachleuten des gewerblichen Rechtsschutzes (VPP)

Abbildungsverzeichnis

Abb. 4.1	Anspruchsarten	28
Abb. 4.2	Anspruchskategorien	28
Abb. 5.1	Prüfungsschema des EPA	50
Abb. 5.2	Prüfungsschema des DPMA	51
Abb. 7.1	Argumentation der erfinderischen Tätigkeit	75
Abb. 7.2	Fig. 7 der DE102022114831B3	78
Abb. 7.3	Fig. 1 der FR2692820A1	79
Abb. 7.4	Fig. 1 der US20210362190A1	80
Abb. 7.5	Fig. 1 der DE102022105981A1	81
Abb. 7.6	Fig. 1 der DE202020106967U1	82
Abb. 7.7	Fig. 1 und 2 der FR2279438	82
Abb. 7.8	Fig. 1 und 2 der DE102022105981A1	84
Abb. 7.9	Fig. 1 der DE3644767	85
Abb. 7.10	Fig. 1 der US20160212931	86
Abb. 7.11	Fig. 1 und 2 der DE2003879	87
Abb. 7.12	Fig. 1 der DE102020130169B4	88
Abb. 7.13	Fig. 3 und 4 der EP21705479	92
Abb. 7.14	Fig. 8 der WO2022089792A1	93
Abb. 7.15	Fig. 10 der WO2022089792A1	94
Abb. 7.16	Fig. 13 der WO2022089792A1	94
Abb. 7.17	Fig. 1 und 2 der GB2014527A	95
Abb. 7.18	Fig. 3 und 9 der GB2014527A	96
Abb. 7.19	Fig. 1 der DE3044581A1	97
Abb. 7.20	Fig. 2 der DE19830297A1	98
Abb. 7.21	Fig. 1 der WO2022089792A1	99
Abb. 7.22	Fig. 6 der WO2023/006962	101
Abb. 7.23	Figur der DE102017001920A1	102
Abb. 7.24	Fig. 1 der AU2010100636A4	103

Abb. 7.25	Fig. 1 der CN108824997A	104
Abb. 7.26	Fig. 6 der CN108824997A	105
Abb. 7.27	Fig. 6, 7 und 8 der DE102012109955A1	107
Abb. 7.28	Fig. 16 und 17 der DE102012109955A1	108
Abb. 7.29	Fig. 15 der DE102012109955A1	108
Abb. 7.30	Fig. 7 und 8 der DE102019104972B3	109
Abb. 7.31	Fig. 10 der US20160206915A1	111
Abb. 7.32	Fig. 1 der US5785631	112
Abb. 7.33	Fig. 3 der US5785631	113
Abb. 7.34	Fig. 1 der DE102017122295A1	114
Abb. 7.35	Fig. 2 der EP3964764	115
Abb. 7.36	Fig. 8 der EP3964764	116
Abb. 7.37	Fig. 5 bis 7 der EP3964764	117
Abb. 7.38	Fig. 1 bis 3 der DE29801851U1	118
Abb. 7.39	Fig. 1 der US5423576	119
Abb. 7.40	Fig. 9 der US5423576	120

Die Geschichte der erfinderischen Tätigkeit

Inhaltsverzeichnis

1.1 Das erste deutsche Patentgesetz von 1877 1
1.2 Entwicklung bis zum Patentgesetz von 1978 2
1.3 Patentgesetz von 1978 2

Zum Verständnis des Kriteriums der erfinderischen Tätigkeit ist die geschichtliche Entwicklung hilfreich. Die Geschichte der erfinderischen Tätigkeit ist gekennzeichnet durch ein stetes Bemühen, ein Patentierungskriterium zu errichten, das nur besondere schöpferische Leistungen honoriert. Trivialitäten sollen nicht zu Patenten führen.

1.1 Das erste deutsche Patentgesetz von 1877

Im ersten Patentgesetz von 1877 war keine erfinderische Tätigkeit als Patentierungsvoraussetzung enthalten. Das erste Patentgesetz forderte nur Neuheit und gewerbliche Verwertbarkeit.[1] Allerdings akzeptierten das Patentamt und das Reichsgericht von Beginn an nur solche Erfindungen als patentwürdig, die das Durchschnittsmaß des Fachkönnens eines Fachmanns übertrafen.[2]

---

[1] Wikisource, https://de.wikisource.org/wiki/Patentgesetz, abgerufen am 13.10.2024.
[2] Benkard PatG/Asendorf/Schmidt/Tochtermann, 12. Aufl. 2023, PatG § 4 Rn. 7.

© Der/die Autor(en), exklusiv lizenziert an Springer-Verlag GmbH, DE, ein Teil von Springer Nature 2025
T. H. Meitinger, *Begründung der erfinderischen Tätigkeit*,
https://doi.org/10.1007/978-3-662-71422-5_1

1.2 Entwicklung bis zum Patentgesetz von 1978

In der Zeit nach dem ersten Patentgesetz von 1877 bis zur Einführung des Patentgesetzes von 1978 gab es keine gesetzliche Regelung des Kriteriums der erfinderischen Tätigkeit. In diesen Jahrzehnten entwickelte die richterliche Rechtsfortbildung und die Erteilungspraxis des Patentamts ein Instrumentarium zur Bewertung der Patentfähigkeit einer Erfindung, wobei Neuheit, Erfindungshöhe und technischer Fortschritt gefordert wurden.[3] Eine hohe Güte der Erfindungshöhe oder des technischen Fortschritts konnte einen Mangel des jeweils anderen kompensieren. Eine Erfindung mit großem technischen Fortschritt benötigte nur noch eine geringe Erfindungshöhe zur Erteilungsfähigkeit. Analog galt, dass bei hoher Erfindungshöhe ein geringer technischer Fortschritt akzeptabel war.[4] Allerdings mangelte es dem Kriterium des technischen Fortschritts an allgemeiner Akzeptanz, da erst im Nachhinein deutlich wird, in welche Richtung sich eine Technologie entwickelt und daher erst in der Rückschau ein technischer Fortschritt bestätigt werden kann.[5]

1.3 Patentgesetz von 1978

Das Patentgesetz von 1978 schaffte den technischen Fortschritt als Patentierungskriterium ab. Außerdem wurde der Begriff der Erfindungshöhe in erfinderische Tätigkeit umbenannt. Ein technischer Fortschritt konnte nur noch als ein Beweisanzeichen einer erfinderischen Tätigkeit dienen.[6]

---

[3] Ortwin Schulze, Technischer Fortschritt und Erfindungshöhe, Mitteilungen der deutschen Patentanwälte, 1976, Heft 7/8, Seite 132.
[4] Beier, Zur historischen Entwicklung des Erfordernisses der Erfindungshöhe, GRUR 1985, 606, 615.
[5] Benkard EPÜ/Melullis/Koch, 4. Auflage 2023, EPÜ Artikel 52 Rn. 5.
[6] Benkard PatG/Asendorf/Schmidt/Tochtermann, 12. Aufl. 2023, PatG § 4 Rn. 15.

Grundlagen des Patentrechts 2

Inhaltsverzeichnis

2.1 DPMA, EPA, BPatG und EPG 4
2.2 Die Erfindung 5
2.3 Technischer Charakter 6
2.4 Veröffentlichungen des Stands der Technik 6
2.5 Ausführbarkeit 6
2.6 Neuheit 7
2.7 Erfinderische Tätigkeit 7
2.8 Gewerbliche Anwendbarkeit 8
2.9 „Erfinderische Tätigkeit" des Patents versus „erfinderischer Schritt" des Gebrauchsmusters 8
2.10 Kein Patentschutz 10
2.11 Kein Verbietungsrecht 10

Das Patentrecht wird mit dem Naturrecht begründet, wonach eine Erfindung das Eigentum des Erfinders ist. In letzter Konsequenz müsste eine Erfindung dauerhaft zum Eigentum des Erfinders gehören und ein Ausschließlichkeitsrecht auf ewig andauern. Die Fortentwicklung der Technologie würde hierdurch behindert werden.[1] Der Kompromiss ist die zeitliche Beschränkung des Patentrechts auf maximal 20 Jahre.[2]

Der Zweck des Patentrechts wird alternativ mit der Anspornungstheorie erläutert, wobei ein Erfinder durch das Patent angespornt werden soll, die Technologie durch eine geistige Schöpfung voranzubringen und Zeit und Geld in Forschung und Entwicklung zu

---

[1] Rogge/Melullis, Einleitung, Benkard, Patentgesetz: PatG 12. Auflage 2023, Rn. 3.
[2] § 16 Patentgesetz.

© Der/die Autor(en), exklusiv lizenziert an Springer-Verlag GmbH, DE, ein Teil von Springer Nature 2025
T. H. Meitinger, *Begründung der erfinderischen Tätigkeit*,
https://doi.org/10.1007/978-3-662-71422-5_2

investieren, da die Aussicht von rechtlich abgesicherten Gewinnen besteht.[3] Die Belohnungstheorie besagt, dass dem Anmelder ein Ausschließlichkeitsrecht zu gewähren ist, sodass der Anmelder die Möglichkeit hat, seine Investitionen wieder zu erwirtschaften und als Lohn seiner Bemühungen einen Gewinn zu erhalten.[4] Die Einschränkung des freien Wettbewerbs durch das Monopolrecht der Patente wird hierdurch gerechtfertigt.

Patente werden ausschließlich für Erfindungen mit einem technischen Charakter gewährt.[5] Die zum Patent erteilten Erfindungen müssen veröffentlicht werden, sodass die Öffentlichkeit die patentierten Technologien studieren kann.[6] Hierbei sind die Erfindungen in den Patenten in einer Weise zu beschreiben, dass sie von einem Fachmann reproduziert werden können.[7]

2.1 DPMA, EPA, BPatG und EPG

DPMA ist das Akronym für das Deutsche Patent- und Markenamt, dessen Hauptsitz sich in München befindet. Es ist zuständig für die Erteilung von Patenten und die Eintragung von Gebrauchsmustern, Marken und Designs für das Hoheitsgebiet Deutschlands.

EPA ist das Akronym für das Europäische Patentamt, das am 7. Oktober 1977 gegründet wurde. Es ist für die Erteilung europäischer Patente zuständig. Bei dem EPA handelt es sich um eine zwischenstaatliche Organisation mit Hauptsitz in München. Weitere Standorte befinden sich in Den Haag, Berlin, Wien und Brüssel.

EPG ist das Akronym für das Einheitliche Patentgericht (Unified Patent Court, UPC), das seine Tätigkeit am 1. Juni 2023 aufgenommen hat. Das Einheitliche Patentgericht ist insbesondere für Nichtigkeitsklagen gegen europäische Patente und Einheitspatente zuständig. Außerdem fallen in seine Zuständigkeit Verletzungsklagen auf Basis von europäischen Patenten und Einheitspatenten.

Ein Einheitspatent (Europäisches Patent mit einheitlicher Wirkung oder EU-Patent) bietet einen einheitlichen Patentschutz in den 18 EU-Mitgliedsstaaten, die das Übereinkommen über ein Einheitliches Patentgericht ratifiziert haben. Für die folgenden EU-Mitgliedsstaaten kann ein gemeinsames Einheitspatent erworben werden: Belgien, Bulgarien, Dänemark, Deutschland, Estland, Finnland, Frankreich, Italien, Lettland, Litauen, Luxemburg, Malta, Niederlande, Österreich, Portugal, Rumänien, Slowenien und Schweden. Ein wichtiger Staat in Europa, in dem Einheitspatente keine Wirkung entfalten ist Großbritannien.

---

[3] Rogge/Melullis, Einleitung, Benkard, Patentgesetz: PatG 12. Auflage 2023, Rn. 3b.
[4] Rogge/Melullis, Einleitung, Benkard, Patentgesetz: PatG 12. Auflage 2023, Rn. 1; BGH GRUR 1969, 534 (535) – Skistiefelverschluss.
[5] § 1 Absatz 1 Patentgesetz.
[6] BGH GRUR 1981, 734, 735 – Erythronolid.
[7] § 34 Absatz 4 Patentgesetz; Artikel 83 EPÜ.

2.2 Die Erfindung

Eine Erfindung nach dem Patentgesetz ist eine technische Lehre, ähnlich einem Rezept, zur Herstellung einer Vorrichtung. Die Erfindung kann in Verfahrensschritten oder Merkmalen der Vorrichtung beschrieben sein. Die Erfindung muss einen technischen Charakter aufweisen.[8] Ein ästhetisches Design, das keine technische Funktion erfüllt, ist dem Patentrecht nicht zugänglich.[9] Für den Schutz von Designs wurde das Designgesetz geschaffen.[10]

Der zentrale Begriff des Patentrechts ist die „Erfindung". Nur für ein Objekt oder ein Verfahren, für das der Begriff der „Erfindung" zutreffend ist, ist das Patentgesetz anwendbar. Eine Legaldefinition des Begriffs der Erfindung enthält das Patentgesetz nicht. § 1 Absatz 1 Patentgesetz stellt zumindest klar, dass eine Erfindung einen technischen Charakter aufweisen muss.[11]

Der Gesetzgeber hat nicht definiert, wann eine Erfindung vorliegt. Diese „Lücke" wurde von dem Gesetzgeber mit voller Absicht gelassen. Durch das Fehlen der Definition der Erfindung soll es ermöglicht werden, diesen Begriff an den jeweiligen Stand der Technik anzupassen.[12] Der Gesetzgeber hat es daher der Rechtspraxis, also insbesondere dem Patentamt und den Gerichten als Aufgabe aufgegeben, zu definieren, für welche Erzeugnisse und Verfahren das Patentgesetz zugänglich ist.

Ein aktuelles Beispiel der Fortbildung der Bedeutung des Begriffs der Erfindung bzw. der erforderlichen Technizität stellen die Softwarepatente dar.[13] Bezüglich der Frage, was durch den § 1 Absatz 3 Nr. 3 und Absatz 4 Patentgesetz als „Software als solche" ausgeschlossen ist und was noch patentfähig ist, kann eine konstante Rechtsfortbildung durch die Patentämter und Gerichte festgestellt werden.[14] In diesem Punkt kann sogar eine zeitweise divergente Praxis des deutschen und des europäischen Patentamts konstatiert werden.

---

[8] § 1 Absatz 1 Patentgesetz.
[9] § 1 Absatz 3 Nr. 2 Patentgesetz.
[10] Deutsches Designrecht: Designgesetz; Designrecht in der EU: bislang: Gemeinschaftsgeschmacksmuster, neuerdings: Unionsgeschmacksmuster.
[11] Beyer, Patent und Ethik im Spiegel der technischen Evolution, GRUR 1994, 541, Rdn. 543.
[12] Bundesratsdrucksache Nr. 14 1876/77 zu § 1; Becker, Maximilian: Von der Freiheit, rechtswidrig handeln zu können, ZUM 2019, 636, 642.
[13] Lutz van Raden, die informatische Taube – Überlegungen zur Patentfähigkeit informationsbezogener Erfindungen, GRUR 1995, 451.
[14] Andreas Wiebe, Patentschutz und Softwareentwicklung – ein unüberbrückbarer Gegensatz? Aus dem Buch „Open Source Jahrbuch 2004 – Zwischen Softwareentwicklung und Gesellschaftsmodell", 2004, S. 277–292.

2.3 Technischer Charakter

Eine patentfähige Erfindung weist einen technischen Charakter auf.[15] Das Patentrecht ist nur Erfindungen auf technischem Gebiet zugänglich. Beispielsweise sind Designs explizit aus dem Patentrecht ausgenommen.[16]

2.4 Veröffentlichungen des Stands der Technik

Die erfinderische Tätigkeit wird vor dem Hintergrund des Stands der Technik bewertet. Zur Beurteilung der erfinderischen Tätigkeit können sämtliche technische Lehren des Stands der Technik herangezogen werden, die der Öffentlichkeit vor dem Anmelde- bzw. Prioritätstag der betreffenden Anmeldung zugänglich gemacht wurden.[17] Die Art oder der Ort der Bekanntmachung, mündlich, schriftlich, durch Präsentation, im In- oder Ausland, spielt keine Rolle. Für Gebrauchsmuster gilt im Vergleich zu Patentanmeldungen ein geringfügig beschränkter Umfang des Stands der Technik.[18]

Der Vergleich mit dem Stand der Technik hat die Funktion Monopole für technische Lehren zu verhindern, die bereits bekannt sind bzw. sich naheliegend aus dem Stand der Technik ergeben.[19] Insbesondere soll das bereits Bekannte und das sich daraus ergebende Naheliegende von Verbietungsrechten freigehalten werden.

Ein „Zugänglichmachen der Öffentlichkeit" kann bereits durch die Mitteilung an einen einzelnen Fachmann erfolgen, der nicht zur Verschwiegenheit verpflichtet ist.

2.5 Ausführbarkeit

Eine Erfindung muss in der Patentanmeldung so beschrieben sein, dass sie für einen Fachmann ausführbar ist. Um die Ausführbarkeit nachzuweisen, sollte in der Beschreibung für jede besondere Ausführungsart der Erfindung zumindest ein Beispiel enthalten sein. Insbesondere das Europäische Patentamt verlangt immer öfter, dass in der Patentanmeldung entsprechende Beispiele zum Nachweis beschrieben sind, damit tatsächlich deutlich wird, daß die speziellen Ausführungsformen der Erfindung geschaffen wurden und nicht nur „rein vorsorglich" ein technisches Gebiet vollständig beansprucht wird.[20]

---

[15] § 1 Absatz 1 Patentgesetz.
[16] § 1 Absatz 3 Nr. 2 Patentgesetz.
[17] § 3 Absatz 1 Satz 2 Patentgesetz.
[18] § 3 Satz 2 Gebrauchsmustergesetz. Für Gebrauchsmuster stellen mündliche Offenbarungen und Benutzungen im Ausland keinen relevanten Stand der Technik dar.
[19] § 4 Satz 1 Patentgesetz.
[20] BeckOK PatR/Einsele, 33. Ed. 15.7.2024, EPÜ Artikel 56 Rn. 1c.

2.7 Erfinderische Tätigkeit

Mangelnde Ausführbarkeit vermutet das Patentamt insbesondere, wenn Merkmale mit „und/oder" verknüpft werden. In diesem Fall sollten Ausführungsformen in der Beschreibung enthalten sein, die das erste, das zweite und beide Merkmale, die mit „und/oder" verknüpft sind, aufweisen.

2.6 Neuheit

Voraussetzungen zur Erteilung eines Patents sind insbesondere Neuheit, erfinderische Tätigkeit und gewerbliche Anwendbarkeit der Erfindung.[21] Die Neuheitsprüfung soll sicherstellen, dass nur solche Erfindungen patentiert werden, die das technische Wissen mit einer bislang unbekannten Ausführungsform bereichern. Bei der Neuheitsprüfung findet ein Einzelvergleich statt, bei dem die Erfindung mit jeder Vorrichtung bzw. Verfahren des Stands der Technik einzeln verglichen wird. Eine Gesamtschau des Stands der Technik erfolgt nicht.[22]

2.7 Erfinderische Tätigkeit

Der Begriff der „erfinderischen Tätigkeit" ist ein unbestimmter Rechtsbegriff. Zu seiner Bestimmung ist eine wertende Beurteilung erforderlich.[23] Die Beurteilung hängt vom recherchierten Stand der Technik, dem Fachmann und der Auslegung der Ansprüche ab.

Der Unterschied zwischen der Neuheitsprüfung und der Bewertung der erfinderischen Tätigkeit liegt darin, dass bei der Neuheitsprüfung nur ein einzelnes Dokument bzw. eine einzelne Offenbarung des Stands der Technik mit der Erfindung verglichen wird. Bei der Neuheitsprüfung findet keine mosaikartige Gesamtschau mehrerer Dokumente statt. Im Gegensatz dazu wird bei der erfinderischen Tätigkeit eine Gesamtschau mehrerer Dokumente des Stands der Technik vorgenommen.[24] Allerdings ist der Stand der Technik nicht wahllos zu kombinieren. Vielmehr ist danach zu fragen, welche Dokumente der Fachmann kombinieren musste und ob er hierzu eine Veranlassung hatte. Gab es im Stand der Technik geeignete Dokumente und hatte der Fachmann einen Anlass diese zu kombinieren, ist noch danach zu fragen, was dafür und dagegen spricht die technischen Lehren dieser Dokumente zu kombinieren.[25]

---

[21] § 1 Absatz 1 Patentgesetz.
[22] Benkard PatG/Asendorf/Schmidt/Tochtermann, 12. Auflage 2023, PatG § 4 Rn. 20.
[23] BGH Entscheidung vom 17.1.1995, X ZB 15/93, GRUR 1995, 330 – Elektrische Steckverbindung.
[24] BeckOK PatR/Einsele, 33. Ed. 15.7.20024, EPÜ Art. 56 Rn. 1a; BGH GRUR 54, 24 – Mehrfachschelle; BGH GRUR 64, 167 – Schreibstift; BGH GRUR 74, 208 -Stromversorgungseinrichtung.
[25] BGH GRUR 2013, 164 – Führungsschiene; Meier-Beck GRUR 2013, 1177.

Es kann immer nur das Fehlen einer erfinderischen Tätigkeit positiv nachgewiesen werden, denn es kann später immer noch ein Dokument gefunden werden, das die erfinderische Tätigkeit infrage stellt. Die Feststellung, dass eine Erfindung auf erfinderischer Tätigkeit beruht, stellt daher eine Vermutung dar.[26] Dasselbe gilt für die Neuheit einer Erfindung. Im Gegensatz dazu kann mangelnde erfinderische Tätigkeit und fehlende Neuheit endgültig festgestellt werden. Ein nachträglich auftauchendes Dokument des Stands der Technik kann daran nichts mehr ändern.

2.8 Gewerbliche Anwendbarkeit

Eine Patentierungsvoraussetzung ist, dass die Erfindung gewerblich anwendbar ist.[27] Dieses Kriterium ist jedoch nahezu immer erfüllt, da es kaum vorstellbar ist, dass es für ein Produkt keine gewerbliche Verwertungsmöglichkeit gibt. Dieses Kriterium spielt daher bei der Patenterteilung keine Rolle.

2.9 „Erfinderische Tätigkeit" des Patents versus „erfinderischer Schritt" des Gebrauchsmusters

Die erforderliche Erfindungshöhe des Patentrechts wird „erfinderische Tätigkeit"[28] genannt. Die erforderliche Erfindungshöhe des Gebrauchsmusterrechts heißt „erfinderischer Schritt"[29]. Der Gesetzgeber wollte mit der unterschiedlichen Benennung der jeweils notwendigen Erfindungshöhe verdeutlichen, dass es sich um unterschiedliche Kriterien mit unterschiedlichen Anforderungen handelt. Der Gesetzgeber wollte durch das Gebrauchsmuster ein Schutzrecht für „kleine" Erfindungen zur Verfügung stellen. Insbesondere sollte eine geringere schöpferische Leistung zur Rechtsbeständigkeit eines Gebrauchsmusters im Vergleich zu einem Patent genügen.[30]

Noch bis 2004 hat der 5. Beschwerdesenat des Bundespatentgerichts, der für Gebrauchsmuster zuständig ist, entsprechend der Intention des Gesetzgebers entschieden und die Rechtsbeständigkeit von Gebrauchsmustern akzeptiert, deren Erfindung keiner erfinderischen Tätigkeit gemäß des Patentrechts genügt hätte. Nach § 4 Satz 1 Patentgesetz liegt eine erfinderische Tätigkeit vor, falls die Erfindung nicht durch den Stand der Technik nahegelegt ist. Die Erfindung eines Gebrauchsmusters konnte daher sogar vor dem Hintergrund des Stands der Technik nahe gelegen haben. Allerdings sollte sich nach

---

[26] Benkard PatG/Asendorf/Schmidt/Tochtermann, 12. Auflage 2023, PatG § 4 Rn. 38.
[27] § 1 Absatz 1 Patentgesetz.
[28] § 4 Satz 1 Patentgesetz.
[29] § 1 Absatz 1 Gebrauchsmustergesetz.
[30] BPatG GRUR 2006, 489 – Schlagwerkzeug.

2.9 „Erfinderische Tätigkeit" des Patents versus „erfinderischer ...

damaliger Auffassung die Erfindung eines Gebrauchsmusters wenigstens nicht direkt aus dem Fachkönnen des Fachmanns und etwaigen Routineversuchen ergeben.[31]

Dem Gebrauchsmustersenat des Bundespatentgerichts war die schwammige Abgrenzung des erfinderischen Schritts des Gebrauchsmusterrechts zur erfinderischen Tätigkeit des Patentrechts bewusst. Der Beschwerdesenat ließ daher die Rechtsbeschwerde in einem einschlägigen Fall zu und der Bundesgerichtshof musste über die Definition des erfinderischen Schritts entscheiden.[32]

Der Bundesgerichtshof stellte zunächst fest, dass die Erfindungshöhe eines Schutzrechts eine qualitative Frage darstellt und dass daher nicht von einem Kriterium der erfinderischen Tätigkeit quantitative Abzüge vorgenommen werden können, um zum Mindestmaß eines erfinderischen Schritts zu gelangen.[33]

Der Bundesgerichtshof stellte außerdem fest, dass etwas Naheliegendes kein Monopolrecht begründen kann. Es ist nicht zu tolerieren, dass triviale Neuerungen, die sich einem Fachmann durch sein Fachkönnen ergeben, bereits zu einem Verbotsrecht führen. Andererseits stellt aus Sicht des Bundesgerichtshofs die Definition der erfinderischen Tätigkeit bereits eine unterste Grenze dar, da Naheliegendes nicht erfinderisch sein kann. Daraus folgt, dass der erfinderische Schritt mindestens dieselbe Erfindungshöhe aufweisen muss, wodurch der erfinderische Schritt des Gebrauchsmusterrechts der erfinderischen Tätigkeit des Patentrechts faktisch gleichgestellt ist.[34]

Der Bundesgerichtshof sah eine Notwendigkeit, Trivial-Schutzrechte zu verhindern, mit denen der Bereich um den Stand der Technik, der vom Fachmann ohne erfinderisch zu sein durch sein Fachwissen und Fachkönnen genutzt wird, monopolisiert werden kann. Hierdurch wird aus Sicht des Bundesgerichtshofs die normale technologische Fortentwicklung weiterhin ermöglicht.[35]

Insbesondere argumentierte der Bundesgerichtshof in seiner Entscheidung „Demonstrationsschrank", dass an einen erfinderischen Schritt[36] und eine erfinderische Tätigkeit[37] dieselben Anforderungen zu stellen sind, da sich aus beiden Schutzrechtsarten dieselben Rechte ergeben.[38] Allerdings gilt die Entscheidung „Demonstrationsschrank" als umstritten.[39]

---

[31] BPatG GRUR 2004, 852 – Materialstreifenpackung.
[32] Winterfeldt, Rechtsprechungsübersicht 2005, GRUR 2006, 441, 459; Winterfeldt/Engels, Rechtsprechungsübersicht 2006, GRUR 2007, 537, 546.
[33] Benkard PatG/Engel 12. Auflage 2023, GebrMG § 1 Rn. 16.
[34] Meier-Beck Rechtsprechungsübersicht für 2006, GRUR 2007, 913, 914–915.
[35] Benkard PatG/Engel 12. Auflage 2023, GebrMG § 1 Rn. 16c-d.
[36] § 1 Absatz 1 Gebrauchsmustergesetz.
[37] § 4 Satz 1 Patentgesetz.
[38] BGH GRUR 2006, 842 = Mitteilungen der deutschen Patentanwälte, 2006, 512 – Demonstrationsschrank.
[39] Mes, 5. Auflage 20.020, PatG § 4 Rn. 88.

2.10 Kein Patentschutz

Patente werden nicht erteilt für Entdeckungen, wissenschaftliche Theorien, mathematische Methoden, ästhetische Formschöpfungen, Pläne, Regeln und Verfahren für gedankliche Tätigkeiten, für Spiele oder für geschäftliche Tätigkeiten sowie Software.[40] Software ist jedoch nur insofern nicht schutzfähig, als sie keinen technischen Charakter aufweist.[41]

2.11 Kein Verbietungsrecht

Mit Patenten kann keine private Nutzung verhindert werden. Eine nicht-gewerbliche Anwendung einer technischen Lehre ist zulässig.[42] Außerdem ist es erlaubt, Experimente durchzuführen, um die Erfindung kennenzulernen.[43] Verfahren zur chirurgischen oder therapeutischen Behandlung des menschlichen oder tierischen Körpers und Diagnostizierverfahren, die am menschlichen oder tierischen Körper vorgenommen werden, sind nicht patentfähig. Entsprechende Patente sind nicht durchsetzbar. Derartige Verfahren dürfen benutzt werden.[44] Es liegt außerdem keine Patentverletzung vor, wenn ein Apotheker ein Arzneimittel in Einzelzubereitung herstellt.[45]

---

[40] § 1 Absatz 3 Patentgesetz.
[41] § 1 Absatz 4 Patentgesetz.
[42] § 11 Nr. 1 Patentgesetz.
[43] § 11 Nr. 2 Patentgesetz.
[44] § 2a Absatz 1 Nr. 2 Patentgesetz.
[45] § 11 Nr. 3 Patentgesetz.

Der patentrechtliche Fachmann 3

Inhaltsverzeichnis

3.1	Aufgabe des Fachmanns	14
3.2	Bedeutung des Fachmanns	15
3.3	Bestimmung des Fachmanns	16
3.4	Fiktiver Fachmann	16
3.5	Durchschnittsfachmann	17
3.6	Fachwissen	17
3.7	Fachkönnen	19
3.8	Bestimmung des Fachmanns durch den befassten Richter	20
3.9	Team von Fachleuten	20
3.10	Technische Nachbargebiete	20
3.11	Weiterentwicklung des Fachmanns	21

Der patentrechtliche Fachmann ist ein Durchschnittsfachmann mit durchschnittlichem Fachwissen und Fachkönnen. Der patentrechtliche Fachmann ist der Maßstab für die Entscheidung, ob eine Erfindung auf einer erfinderischen Tätigkeit beruht.[1] Alles was der Fachmann aufgrund seines Fachwissens kennt oder sich mit seinem Fachkönnen erschließen kann, ist naheliegend und damit nicht erfinderisch.[2]

Der patentrechtliche Fachmann ist eine fiktive Kunstfigur, die immer dann heranzuziehen ist, wenn ein konkreter technischer Sachverhalt zu bewerten ist.[3] Der Fachmann ist

---

[1] Benkard PatG/Asendorf/Schmidt/Tochtermann, 12. Aufl. 2023, PatG § 4 Rn. 62; Osterrieth GRUR 2021, 310, 311.
[2] § 4 Satz 1 Patentgesetz; Artikel 56 Satz 1 EPÜ.
[3] BGH GRUR 2004, 1023, 1025 – bodenseitige Vereinzelungsvorrichtung; BGH GRUR 2006, 663 – vorausbezahlte Telefongespräche.

© Der/die Autor(en), exklusiv lizenziert an Springer-Verlag GmbH, DE, ein Teil von Springer Nature 2025
T. H. Meitinger, *Begründung der erfinderischen Tätigkeit*,
https://doi.org/10.1007/978-3-662-71422-5_3

bei der Frage der Rechtsbeständigkeit eines Patentanspruchs und der Frage, ob eine konkrete Verletzung eines Anspruchs gegeben ist, zu berücksichtigen. Der Fachmann ist bei der Beurteilung von Dokumenten des Stands der Technik, bei der Frage der Nacharbeitbarkeit einer Erfindung (§ 34 Abs. 4 PatG), bei der Frage der Neuheitsschädlichkeit (§ 3 PatG), bei der Beurteilung der erfinderischen Tätigkeit (§ 4 PatG), bei der Auslegung von Patentansprüchen zur Bestimmung des Schutzbereiches (§ 14 PatG) und der Bewertung einer äquivalenten Verletzungsform heranzuziehen.[4]

Der Begriff des Fachmanns stellt im Patentrecht einen zentralen Begriff dar. Der „Fachmann" ist der maßgebliche Beurteilungsmaßstab.[5] Allerdings stellt die Bestimmung des Fachmanns eine große Schwierigkeit dar.[6] Grundsätzlich richtet sich die Bestimmung des Fachmanns nach dem technischen Gebiet, auf dem die Erfindung liegt.[7] Der patentrechtliche Fachmann ist keine reale Person, sondern eine fiktive Person.[8] Der patentrechtliche Fachmann gilt als der durchschnittliche Sachverständige auf seinem technischen Gebiet, der die übliche Ausbildung genossen hat und praktische Erfahrungen durch seine berufliche Tätigkeit erworben hat.[9]

Der Fachmann des Patentrechts ist entscheidend für das richtige technische Verständnis der Erfindungen, zur Beurteilung der Neuheit und erfinderischen Tätigkeit und insbesondere für die Bestimmung des Schutzumfangs eines Patents bei der Beurteilung einer möglichen Patentverletzung.[10]

Insbesondere ist der Fachmann der Dreh- und Angelpunkt bei der Bewertung der Patentfähigkeit einer Erfindung. Es ist stets eine Bewertung aus der Sicht des Fachmanns vorzunehmen. Das Patentgesetz selbst erwähnt den Fachmann im § 34 Absatz 4 Patentgesetz, durch den die Ausführbarkeit eines Patents bestimmt wird.[11]

Ein Patent oder eine Patentanmeldung enthält eine technische Lehre, die sich an einen technischen Fachmann mit durchschnittlichem Wissen und Können richtet und nicht an einen Laien. Außerdem wird die Person des Fachmanns im § 4 Satz 1 Patentgesetz

---

[4] Dreiss, Der Durchschnittsfachmann als Maßstab für ausreichende Offenbarung, Patentfähigkeit und Patentauslegung, GRUR 1994, 781, 782.
[5] Osterrieth, Der Fachmann im Patentrecht, GRUR 2021, 310.
[6] Klett, Die durchschnittlich aufmerksame Verbraucherin und der durchschnittlich gut ausgebildete Fachmann, GRUR 2001, 549, 554; Benkard PatG/Asendorf/Schmidt/Tochtermann, 12. Aufl. 2023, PatG § 4 Rn. 64.
[7] Benkard PatG/Asendorf/Schmidt/Tochtermann, 12. Aufl. 2023, PatG § 4 Rn. 64; BGH GRUR 1959, 532, 536 f. – Elektromagnetische Rührvorrichtung; BGH Liedl 1974/1977, 69, 78 – Schießscheibe; BGH BeckRS 2009, 23384 Rn. 31 = BeckRS 2009, 23384.
[8] BGH GRUR 2004, 1023 – Bodenseitige Vereinzelungsvorrichtung; GRUR 2006, 663 = BlPMZ 2006, 320 – Vorausbezahlte Telefongespräche.
[9] BeckOK PatR/Fitzner/Metzger, 29. Edition 15.4.2023, PatG § 3 Rn. 8.
[10] Osterrieth, Der Fachmann im Patentrecht GRUR 2021, 310.
[11] § 34 Absatz 4 Patentgesetz: „Die Erfindung ist in der Anmeldung so deutlich und vollständig zu offenbaren, dass ein Fachmann sie ausführen kann".

erwähnt.[12] Zwar handelt es sich in aller Regel beim Fachmann um eine fiktive Person, allerdings kann der patentrechtliche Fachmann auch als konkrete natürliche Person existieren.[13]

Der patentrechtliche Fachmann kennt den kompletten Stand der Technik auf seinem technischen Gebiet. Außerdem verfügt er über grundlegende Kenntnisse über die angrenzenden technischen Gebiete. Der patentrechtliche Fachmann ist jedoch nicht kreativ, er kann sich nur das Naheliegende aus seinem Fachwissen ableiten.[14]

Der Schutzumfang eines Patents wird durch den § 14 Patentgesetz bestimmt. In diesem wird der Fachmann nicht erwähnt. Allerdings wird der Fachmann im Protokoll über die Auslegung des Artikels 69 EPÜ,[15] erwähnt, der gemäß dem Artikel 164 Absatz 1 EPÜ Bestandteil des Europäischen Patentübereinkommens EPÜ ist. Die Sicht des Fachmanns ist daher auch bei der Beurteilung einer Patentverletzung entscheidend.

Der patentrechtliche Fachmann ist ein Durchschnittsfachmann,[16] der auf dem technischen Gebiet der Erfindung tätig ist[17] und ein durchschnittliches Wissen und Können[18] aufweist. Der Fachmann wird anhand der technischen Aufgabe bestimmt und nicht mit Blick auf die Erfindung oder die erforderliche erfinderische Tätigkeit zur Erlangung der Erfindung.[19] Der Stand der Technik kann nicht zur Definition des Fachmanns herangezogen werden.[20] Der Fachmann kann als in einem Team eingebunden verstanden werden,

---

[12] § 4 Satz 1 Patentgesetz: „Eine Erfindung gilt als auf einer erfinderischen Tätigkeit beruhend, wenn sie sich für den Fachmann nicht in naheliegender Weise aus dem Stand der Technik ergibt."

[13] BGH GRUR 2004, 1023 – Bodenseitige Vereinzelungseinrichtung; Kulhavy, Mitteilungen der deutschen Patentanwälte, 2011, 179; Klett GRUR 2001, 549, 552; BGH GRUR 2018, 390 – Wärmeenergieverwaltung; GRUR 2010, 602 – Gelenkanordnung; Meier-Beck, Mitteilungen der deutschen Patentanwälte (Mitt.) 2005, 529; Niedlich FS König, 2003, 399; Osterrieth, Der Fachmann im Patentrecht, GRUR 2021, 310, 312–313.

[14] BeckOK PatR/Einsele, 33. Ed. 15.7.2024, EPÜ Artikel 56 Rn. 6.

[15] EPA, https://www.epo.org/law-practice/legal-texts/html/epc/2020/d/ma2a.html, abgerufen am 25.10.2024.

[16] BGH GRUR 1995, 330 – Elektrische Steckverbindung; GRUR 2004, 1023 – Bodenseitige Vereinzelungseinrichtung; GRUR 2006, 663 – Vorausbezahlte Telefongespräche; BeckRS 2005, 12061 – Falttüreinheit; GRUR 2018, 390 – Wärmeenergieverwaltung.

[17] BGH GRUR 1978, 37 – Börsenbügel; GRUR 1962, 290 – Brieftauben-Reisekabine II; GRUR 2005, 1023 – Einkaufswagen II; GRUR 2011, 1109 – Reifenabdichtmittel; GRUR 2010, 513 – Hubgliedertor II; BPatG Mitt. 1984, 213.

[18] BGH BlPMZ, 1991, 159 – Haftverband; GRUR 2009, 929 – Schleifkorn; GRUR 2004, 272 – Diabehältnis.

[19] BGH GRUR 2018, 390 – Wärmeenergieverwaltung; GRUR 2010, 602 – Gelenkanordnung; GRUR 2016, 921 – Pemetrexed.

[20] BGH GRUR, 2009, 382 – Olanzapin; GRUR 2009, 1039 – Fischbissanzeiger; GRUR 2018, 390 – Wärmeenergieverwaltung; GRUR 2017, 498 – Gestricktes Schuhoberteil.

wobei er nicht über das Spezialwissen anderer Experten verfügt, aber diese nötigenfalls zu Rate ziehen kann, ohne dass sich hierdurch erfinderische Tätigkeit ergeben würde.[21]

Der Fachmann weist ein Fachwissen und ein Fachkönnen auf. Das Fachkönnen, also die Möglichkeiten des Fachmanns durch eigene Überlegungen und geeignete Versuche sich einen technischen Gegenstand zu erschließen, ist schwierig zu bestimmen. Tatsächlich kann hier eine Änderung der Qualifikation des Fachmanns im Laufe der Jahre festgestellt werden, wobei der patentrechtliche Fachmann an kreativer Qualifikation verloren hat.[22]

3.1 Aufgabe des Fachmanns

Es ist sicherzustellen, dass Patentansprüche stets gleich ausgelegt werden. Hierzu muss eine verbindliche Instanz zur Auslegung und zum Verständnis der Patentansprüche bestimmt werden. Diese Aufgabe erfüllt die Definition des fiktiven patentrechtlichen Fachmanns, der eine objektiv urteilende Person zur Bewertung eines Patents und des dazugehörenden Stands der Technik ist.[23] Hierdurch kann eine objektive Auslegung von Patentansprüchen gewährleistet werden.[24] Die Kreation des fiktiven patentrechtlichen Durchschnittsfachmanns ergibt daher eine verlässliche Entscheidungsgrundlage zur Beurteilung der erfinderischen Tätigkeit und fördert dadurch die Rechtssicherheit.[25] Eine Einflussnahme von individuellen Kenntnissen und Fähigkeiten kann durch die Bestimmung der fiktiven Person des Durchschnittsfachmanns ausgeschlossen werden. Der Fachmann weist das auf dem jeweiligen technischen Gebiet übliche allgemeine Fachwissen und Fachkönnen auf.[26]

Mit dem fiktiven patentrechtlichen Fachmann wird festgelegt, wie Ansprüche zu verstehen sind. Eine Anspruchsformulierung kann immer auch Ausführungsformen umfassen, die technisch unsinnig sind. Es wird der Fachmann benötigt, um die technisch unsinnigen Ausführungsformen zu erkennen und aus dem Schutzumfang des betreffenden Anspruchs auszuschließen. Durch die Festlegung des fiktiven patentrechtlichen Fachmanns wird

---

[21] BGH GRUR 2007, 404 oder BGHZ 170, 215 – Carvediol II; BGH GRUR 2010, 123 – Escitalopram; EPA T 460/87 – Soluble Polyglycols/Viscosud; EPat 99/89 – Schaltungsanordnung zur optischen Anzeige von Zustandsgrößen/Robert Boschmann GmbH.
[22] Dreiss, Der Durchschnittsfachmann als Maßstab für ausreichende Offenbarung, Patentfähigkeit und Patentauslegung, GRUR 1994, 781, 783.
[23] BGH GRUR 2018, 390 Rn. 31 – Wärmeenergieverwaltung.
[24] Timmann, § 3. Auslegung und Schutzbereich von Patenten in Haedicke/Timmann, Handbuch des Patentrechts, 2. Auflage 2020, Rn. 26.
[25] Timmann, § 3. Auslegung und Schutzbereich von Patenten in Haedicke/Timmann, Handbuch des Patentrechts, 2. Auflage 2020, Rn. 8–12; Benkard PatG/Asendorf/Schmidt/Tochtermann, 12. Aufl. 2023, PatG § 4 Rn. 62.
[26] BGH Urteil vom 7. September 2004, X ZR 255/01, GRUR 2004, 1023, 1025 – Bodenseitige Vereinzelungseinrichtung.

verhindert, dass je nach Bildungs- oder Kenntnisstand ein Anspruch unterschiedlich verstanden wird und daraus Rechtsunsicherheit erwächst.[27]

Die Aufgaben des patentrechtlichen Fachmanns bei der Bewertung der erfinderischen Tätigkeit sind:

- Bestimmung des durch das Patent beanspruchten Gegenstands. Hierbei legt der Fachmann vor dem Hintergrund seines Fachwissens und Fachkönnens die Patentansprüche aus.
- Bestimmung des relevanten Stands der Technik. Es stellt sich die Frage, welche Dokumente hätte der Fachmann zu Rate gezogen, um das technische Problem zu lösen.
- Ermittlung des Offenbarungsgehalts des Stands der Technik. Wie hätte der Fachmann den Stand der Technik verstanden und was hätte er daher dem Stand der Technik als technische Lehren entnommen.
- Naheliegen. Hätte der Fachmann die betreffenden Dokumente des Stands der Technik kombiniert, um zur Erfindung zu gelangen oder waren die jeweiligen Dokumente technisch nicht vereinbar oder haben sich die jeweiligen technischen Lehren vielleicht sogar widersprochen? Hätte es noch zusätzlicher Fähigkeiten oder Wissen bedurft, damit der Fachmann zur Erfindung hätte gelangen können?

3.2 Bedeutung des Fachmanns

Der Fachmann ist entscheidend für die Auslegung der Ansprüche. Die Schutzbereichsbestimmung der Ansprüche bildet die Grundlage eines Patentverletzungsverfahrens. Nur mit dem Fachwissen und Fachkönnen des Fachmanns kann ein korrektes Verständnis der Ansprüche als Ausgangspunkt jeder patentrechtlichen Entscheidung gelingen.[28]

Bei der Interpretation der Ansprüche ist nicht an einem sprachlichen oder logischen Inhalt zu haften, sondern an dem technischen Verständnis, das sich dem Fachmann unmittelbar und eindeutig erschließt.[29] Der Fachmann ist die entscheidende Instanz zur Bewertung, ob ein Patent rechtsbeständig ist, und daher dessen Durchsetzung zu Recht erfolgt.[30]

Der Fachmann wird im deutschen Erteilungsverfahren vor dem Patentamt und in Beschwerde- und Nichtigkeitsverfahren vor dem Bundespatentgericht stets definiert. Im

---

[27] Benkard EPÜ/Scharen, 4. Aufl. 2023, EPÜ Art. 69 Rn. 11.
[28] BGH GRUR 2018, 390 Rn. 31 und 37 – Wärmeenergieverwaltung; Nägerl, § 4. Abgrenzung vom Stand der Technik – Neuheit und erfinderische Tätigkeit, Haedicke/Timmann, Handbuch des Patentrechts 2. Auflage 2020 Rn. 46.
[29] Nägerl, § 4. Abgrenzung vom Stand der Technik – Neuheit und erfinderische Tätigkeit, Haedicke/Timmann, Handbuch des Patentrechts 2. Auflage 2020 Rn. 49.
[30] Loth, PatG § 14 [Schutzbereich] in BeckOK Patentrecht, Fitzner/Kubis/Bodewig, 30. Edition, Stand: 15.10.2023, Rn. 56.

Gegensatz dazu wird der Fachmann in Verfahren vor dem Europäischen Patentamt erstaunlicherweise nicht explizit bestimmt.

3.3 Bestimmung des Fachmanns

Der Fachmann wird anhand des technischen Gebiets der zu prüfenden Erfindung bestimmt. Es ist darauf zu achten, dass nicht die besondere technische Aufgabe oder Teile der Erfindung dazu verwendet werden, den Fachmann zu bestimmen. Rückt man nämlich in einer rückschauenden Sicht den Fachmann zu nahe an die Erfindung wird die Erfindung, obwohl sie patentfähig ist, plötzlich naheliegend.[31] Auch darf der Fachmann nicht anhand des nächstliegenden Stands der Technik definiert werden.[32]

3.4 Fiktiver Fachmann

Der Fachmann ist in aller Regel eine fiktive Person. Bei der Bestimmung des Fachmanns muss man sich daher nicht nach konkreten real existierenden Fachleuten richten. Hierdurch wird Rechtssicherheit geleistet, denn es kann das maßgebliche fachmännische Denken des geeigneten durchschnittlichen Fachmanns bestimmt werden, ohne hierbei durch das Erfordernis, einen real existierenden Fachmann vorweisen zu müssen, eingeschränkt zu sein.[33] Mit dem patentrechtlichen Fachmann wurde eine Kunstfigur geschaffen, um eine Erfindung objektiv zu verstehen und zu bewerten.[34] Die subjektive Leistung des Erfinders oder was er „eigentlich" mitteilen wollte, sind unbeachtlich.

Der patentrechtliche Fachmann ist keine reale, sondern eine fiktive Person. In diesem Punkt kann eine gewisse Ähnlichkeit zur künstlichen Intelligenz gesehen werden, die sich auch im virtuellen Raum abspielt. Allerdings kann daraus keinesfalls gefolgert werden, dass eine künstliche Intelligenz den aktuellen patentrechtlichen Fachmann nachbilden könnte.[35] Der Fachmann kann nicht durch eine künstliche Intelligenz ersetzt werden, denn eine künstliche Intelligenz kann nicht die „Veranlassung" des Fachmanns, Dokumente des Stands der Technik zu kombinieren oder dies nicht zu tun, nachbilden. Vielmehr ist es bei einer künstlichen Intelligenz gleichgültig, ob Dokumente kombinierbar sind oder

---

[31] Dreiss, Der Durchschnittsfachmann als Maßstab für ausreichende Offenbarung, Patentfähigkeit und Patentauslegung, GRUR 1994, 781, 786.
[32] BGH GRUR 2009, 382 – Olanzapin; GRUR 2009, 1039 – Fischbissanzeiger; GRUR 2018, 390 – Wärmeenergieverwaltung; GRUR 2017, 498 – Gestricktes Schuhoberteil.
[33] BeckOK PatR/Loth, 29. Ed. 15.7.2023, PatG § 14 Rn. 58; BGH GRUR 2004, 1023, 1025 – bodenseitige Vereinzelungsvorrichtung.
[34] Osterrieth, Teil 4. Gegenstand, Voraussetzungen und Wirkung des Patentschutzes, Osterrieth, Patentrecht, 6. Auflage 2021, Rn. 470.
[35] Loth, PatG § 14 [Schutzbereich] in BeckOK Patentrecht, Fitzner/Kubis/Bodewig, 30. Edition, Stand: 15.10.2023, Rn. 56b.

nicht, da es für sie aufgrund ihrer hohem Rechenkapazität ohne Probleme möglich ist, sämtliche relevanten Dokumente zu kombinieren. Würde man daher eine künstliche Intelligenz als patentrechtlichen Fachmann bestimmen, könnte man auf den Could-Would-Test verzichten.[36]

Dass es sich bei dem patentrechtlichen Fachmann nicht um einen real existierenden Fachmann, sondern eine Kunstfigur handelt, kann auch daran erkannt werden, dass dem patentrechtlichen Fachmann kein Fachwissen und Fachkönnen eines real existierenden Fachmanns, sondern ein durchschnittliches Fachwissen und Fachkönnen zugeordnet wird.[37]

3.5 Durchschnittsfachmann

Der patentrechtliche Fachmann wird als Durchschnittsfachmann angenommen. Der Durchschnittsfachmann weist ein durchschnittliches Fachwissen und durchschnittliche Leistungsfähigkeit auf seinem technischen Gebiet auf und gilt als ein Querschnitt aller zum Prioritätstag auf dem technischen Gebiet tätigen Fachleute, die mit der Lösung der technischen Aufgabe betraut worden wären.[38]

3.6 Fachwissen

Den allgemeinen Wissensstand der Fachleute eines technischen Gebiets nennt man Fachwissen. Zum Fachwissen des patentrechtlichen Fachmanns gehört das Allgemeinwissen und das Kennen des relevanten Stands der Technik.[39] Dem Fachmann wird ein Fachwissen unterstellt, das die Entgegenhaltungen aus dem Stand der Technik, ein fachspezifisches Wissen und ein allgemeines technisches Wissen umfasst.[40]

---

[36] Benkard PatG/Asendorf/Schmidt/Tochtermann, 12. Aufl. 2023, PatG § 4 Rn. 34–37.
[37] Benkard PatG/Asendorf/Schmidt/Tochtermann, 12. Aufl. 2023, PatG § 4 Rn. 18.
[38] BGH GRUR 2004, 1023, 1025 – Bodenseitige Vereinzelungseinrichtung; BGH GRUR 2018, 390 Rn. 31 – Wärmeenergieverwaltung.
[39] Keukenschrijver in: Busse/Keukenschrijver, Patentgesetz, 9. Aufl. 2020, § 4 (Erfinderische Tätigkeit), Rn. 93; BGH GRUR 1978, 37 f. Börsenbügel; BGH BlPMZ 1989, 133 Gurtumlenkung; BGH 18.8.1983 X ZR 17/82; BPatGE 32, 109 = BlPMZ 1991, 349, 351; EPA T 195/84 ABl EPA 1986, 121 = GRUR Int 1986, 545 f.; EPA T 426/88 ABl EPA 1992, 427, 433 = GRUR Int 1993, 161 Verbrennungsmotor; EPA T 206/83 ABl EPA 1987, 5 = GRUR Int 1987, 170 Herbizide; EPA T 99/85 ABl EPA 1987, 413 = GRUR Int 1988, 251 diagnostisches Mittel; EPA T 580/88; EPA T 766/91; EPA T 378/93 und EPA T 590/94; EPA T 890/02 ABl EPA 2005, 496 = GRUR Int 2005, 1030 chimäres Gen; Benkard Rn. 75; Szabo Mitt 1994, 225, 232 f.; Kraßer/Ann § 18 Rn 47 Fn 75; RG GRUR 1938, 709, 713 Schalldämpfer; BGH Liedl 1967/68, 204, 218 Kernbremse; BGHZ 133, 79 = GRUR 1996, 862, 865 Bogensegment; BGHZ 160, 204 = GRUR 2004, 1023 bodenseitige Vereinzelungseinrichtung; BPatG 22.11.2002 17 W (pat) 59/00; BPatG 20.1.2015 3 Ni 18/13 (EP).
[40] Benkard PatG/Asendorf/Schmidt/Tochtermann, 12. Aufl. 2023, PatG § 4 Rn. 69.

Das Fachwissen umfasst die technischen Grundlagen, die sich der Fachmann durch seine Ausbildung angeeignet hat, und ein spezielles Fachwissen, das der Fachmann durch seine berufliche Tätigkeit auf dem technischen Gebiet der Erfindung erworben hat. Der Fachmann weist daher ein durch Ausbildung erlerntes Wissen und ein Erfahrungswissen auf. Das Fachwissen muss nicht mit dem Stand der Technik identisch sein. Der Stand der Technik umfasst einiges mehr, was nicht dem Fachwissen zuzurechnen ist.[41] Andererseits umfasst das Fachwissen technische Lehren, die nicht dem Stand der Technik zuzuordnen sind.[42] Zum Erfahrungswissen eines Fachmanns gehört beispielsweise, dass zu einer Steckverbindung ein Stecker als komplementäres Gegenstück gehört.[43]

Zum Aussagegehalt eines Dokuments des Stands der Technik gehört alles, was der Fachmann aus dem Dokument „mitlesen" würde. „Mitlesen" würde der Fachmann insbesondere die Verwendung sogenannter „fachnotorischer" (austauschbarer) Mittel. Fachnotorische Mittel sind beispielsweise Spulen zum Erzeugen eines Magnetfelds zur Ablenkung von Elektronen. Der Fachmann wird daher bei einer Beschreibung der Ablenkung von Elektronen mit einem Magnetfeld auch an Spulen denken. Das Fachkönnen kann definiert werden als alles, sei es auch noch so arbeitsaufwendig, was gerade noch nicht eine erfinderische Tätigkeit nach § 4 Satz 1 Patentgesetz darstellt.[44] Erkenntnisse, die sich aus standardmäßig auszuführenden Versuchen ergeben, sind ebenfalls dem Fachwissen des Fachmanns zuzurechnen.[45]

Das zu berücksichtigende Fachwissen umfasst nicht nur das präsente Wissen des Fachmanns, sondern zusätzlich das weltweit verfügbare Fachwissen auf dem technischen Gebiet der Erfindung.[46]

Das Fachwissen ergibt sich aus der Fachliteratur, beispielsweise Lehrbüchern, Nachschlagewerken und Fachzeitschriften.[47] Außerdem ergibt sich das Fachwissen durch die praktische berufliche Tätigkeit. Zudem weist der Fachmann ein technisches Allgemeinwissen auf.[48] Es wird davon ausgegangen, dass der Fachmann das übergeordnete

---

[41] Gramm: Der Stand der Technik und das Fachwissen, GRUR 1998, 240, 241.
[42] Gramm: Der Stand der Technik und das Fachwissen, GRUR 1998, 240, 242.
[43] Ann, § 17. Neuheit Ann, Patentrecht, 8. Auflage 2022, Rn. 29.
[44] Dreiss, Der Durchschnittsfachmann als Maßstab für ausreichende Offenbarung, Patentfähigkeit und Patentauslegung, GRUR 1994, 781, 784–785.
[45] Benkard PatG/Asendorf/Schmidt/Tochtermann, 12. Aufl. 2023, PatG § 4 Rn. 72; BGH GRUR-RS 2019, 39.560 Rn. 121; BGH BeckRS 2016, 15.771 Rn. 40; GRUR 2006, 666 Rn. 56 – Stretchfolienhaube; BGH BlPMZ 1966, 234 (235) – Abtastverfahren.
[46] BeckOK PatR/Einsele, 29. Ed. 15.7.2023, PatG § 4 Rn. 36.
[47] BGH GRUR 1998, 895 (897) – Regenbecken; BPatGE 34, 264.
[48] BGH BlPMZ 1989, 133 – Gurtumlenkung unter II, 3.

technische Gebiete und an sein technisches Gebiet angrenzende technische Gebiete zumindest grob kennt.[49] Detailkenntnisse der angrenzenden technischen Gebiete werden von einem Fachmann nicht erwartet.[50]

Allerdings ist das Fachwissen des Fachmanns nicht auf sein technisches Fachgebiet beschränkt. Der Fachmann hat sich durch seine Ausbildung ein allgemeines Fachwissen angeeignet. Insbesondere kennt der Fachmann angrenzende technische Fachgebiete, die ähnliche technische Probleme lösen.[51]

3.7 Fachkönnen

Der Fachmann weist ein Fachkönnen auf, das sich der Fachmann aus seiner spezifischen Arbeitsroutine und selbst veranstalteten Versuchen erarbeitet hat. Dieses Fachkönnen stellt die Fähigkeit des Fachmanns dar, mit einer neuen Situation kreativ umzugehen.[52]

Neben dem Fachwissen weist der Fachmann daher ein kreatives Können auf, das als Fachkönnen bezeichnet wird.[53] Allerdings wird dem fiktiven patentrechtlichen Fachmann nur ein kreatives Fachkönnen zugerechnet, das nicht der erfinderischen Tätigkeit zur Erlangung eines Patents genügt.[54] Der patentrechtliche Fachmann ist daher nur zu rein handwerklichen und konstruktiven Maßnahmen in der Lage.[55]

Der fiktive patentrechtliche Fachmann wird als eine Person angenommen, der man Entwicklungstätigkeiten auf dem jeweiligen technischen Fachgebiet anvertrauen würde. Dem patentrechtlichen Fachmann wird zugetraut, dass er bekannte Vorrichtungen und Verfahren verbessert bzw. vereinfacht.[56] Er wendet dabei die auf seinem technischen

---

[49] BGH GRUR 1997, 272 (273) – Schwenkhebelverschluss; BGH BeckRS 2008, 2725 Rn. 23.
[50] EPA ABl. 1997, 24; Benkard PatG/Asendorf/Schmidt/Tochtermann, 12. Aufl. 2023, PatG § 4 Rn. 71.
[51] BGB BeckRS 2000, 4931 Rn. 25; BGH GRUR 1963, 568, 569; BGH GRUR 1969, 182, 183; BGH GRUR 1986, 372, 374; BGH GRUR 1986, 798, 799.
[52] BeckOK PatR/Einsele, 29. Ed. 15.7.2023, PatG § 4 Rn. 32–35; BGH GRUR 1986, 372 – Thrombozytenzählung; BlPMZ 1966, 234 – Abtastverfahren; GRUR 2006, 666 – Stretchfolienhaube; BlPMZ 2009, 432 – Airbag-Auslösesteuerung; GRUR 2012, 378 – Installiereinrichtung II.
[53] Kraßer/Ann § 18 Rn 46; Benkard PatG/Asendorf/Schmidt/Tochtermann, 12. Aufl. 2023, PatG § 4 Rn. 34; Benkard-EPÜ3 Art 56 Rn 53; BGH 23.1.2007 X ZB 3/06.
[54] EPA T 39/93 ABl EPA 1997, 134, 149 f. = GRUR Int 1997, 741 Polymerpuder.
[55] BGH GRUR 1954, 107, 110 Mehrfachschelle; BGH GRUR 1954, 258 f. Kohleabbau; BGH GRUR 1956, 73, 76 Kalifornia-Schuhe; BGH GRUR 1961, 529, 533 Strahlapparat; BGH GRUR 1962, 350 Dreispiegelrückstrahler; BGH Liedl 1967/68, 171, 192 Selbstschlußventil; BGH Liedl 1971/73, 261, 274 Hustenmützchen; BGH Liedl 1974/77, 50, 62 zusammenklappbarer Tisch; BGH Bausch BGH 1999–2001, 157 Kreiselpumpe für Haushaltsgeräte; BGH 17.11.2009 X ZR 49/08; EPA T 170/87 ABl EPA 1989, 441, 444 = GRUR Int 1990, 223 Heizgaskühler; Nachw der Rspr des RG 8. Aufl; Schulte Rn 109; Benkard Rn 112; Benkard-EPÜ1 Art 56 Rn 55, 131; vgl BPatG GRUR 1989, 745 f.; BPatG 8.3.2001 11 W (pat) 64/00; öPA öPBl 2001, 104, 106, GbmSache.
[56] Benkard PatG/Asendorf/Schmidt/Tochtermann, 12. Aufl. 2023, PatG § 4 Rn. 72.

Gebiet gebräuchlichen Methoden an, um bereits bekannte Lösungen zu vereinfachen und kostengünstiger zu gestalten.[57]

3.8 Bestimmung des Fachmanns durch den befassten Richter

Die letzten Endes gültige Bestimmung des anzuwendenden Fachmanns erfolgt durch den Richter in der Einspruchsbeschwerde, im Nichtigkeitsprozess oder im Verletzungsverfahren. Ein Richter ist dabei kein Subsumptionsautomat, sondern er lässt individuelle Wertungen und Erfahrungen mit einfließen.[58]

3.9 Team von Fachleuten

Der Fachmann kann einen zweiten Fachmann hinzuziehen, falls die technische Aufgabe ein zweites technisches Gebiet betrifft.[59] Eine Erfindung wird durch die Notwendigkeit der Hinzuziehung eines zweiten Fachmanns nicht automatisch erfinderisch. In diesem Fall bildet das zusammengefasste Fachwissen und Fachkönnen der beiden Fachleute das Fachwissen und Fachkönnen des fiktiven patentrechtlichen Fachmanns.[60] War es jedoch nicht zu erwarten, dass auf dem anderen technischen Gebiet eine Lösung der technischen Aufgabe gefunden werden konnte, ist die Hinzuziehung eines zweiten Fachmanns nicht zulässig.

Bestehen zwischen zwei technischen Gebieten keinerlei technologische Gemeinsamkeiten, so handelt es sich nicht um benachbarte technische Gebiete. Der Fachmann wird Kenntnisse eines entfernten Gebiets nicht berücksichtigen.

3.10 Technische Nachbargebiete

Der patentrechtliche Fachmann eines technischen Gebiets hat grundsätzliche Kenntnisse von technischen Nachbargebieten, kennt jedoch nicht alle relevanten Dokumente des Nachbargebiets. Kann der Fachmann erkennen, dass auf einem Nachbargebiet eine

---

[57] BGH Bausch 1994/1998, 291 (296) – Sammelstation; BGH Bausch 1994/1998, 168 (174) – Einphasensynchronmotor.
[58] Winkelmann: Entscheidungsfindung durch künstliche Intelligenz in der Justiz, LTZ 2022, 163, 165.
[59] BGH GRUR 78, 37 Börsenbügel; BGH GRUR 83, 64 Liegemöbel; BGH GRUR 10, 41 Diodenbeleuchtung.
[60] BGH GRUR 86, 798 Abfördereinrichtung für Schüttgut.

Lösung seiner Aufgabe gelingen kann, sind dem Fachmann die wesentlichen Kenntnisse des Nachbargebiets zuzurechnen.[61]

3.11 Weiterentwicklung des Fachmanns

Der Begriff des Fachmanns ist analog zu dem Begriff der Erfindung an die technologische Entwicklung anzupassen.[62] Durch das Auftreten der künstlichen Intelligenz und ihre Anwendung durch die Erfinder in bestimmten technischen Gebieten, ist auch dem patentrechtlichen Fachmann die Verwendung von KI-Werkzeugen zuzugestehen.[63]

---

[61] BGH GRUR 89, 133 Gurtumlenkung.
[62] Meitinger, Der transhumanistische Fachmann, Mitteilungen der deutschen Patentanwälte, 115, März 2024, 109.
[63] Nägerl/Neuburger/Steinbach: Künstliche Intelligenz: Paradigmenwechsel im Patentsystem, GRUR 2019, 336, 338.

Auslegung der Ansprüche 4

Inhaltsverzeichnis

4.1 Zweck der Auslegung 27
4.2 Hauptanspruch, Nebenanspruch, Unteransprüche, unabhängige und abhängige Ansprüche 27
4.3 Anspruchskategorien 28
4.4 Wortlautgemäße Auslegung 28
4.5 Systematische Auslegung 29
4.6 Teleologische Auslegung 30
4.7 Funktionsorientierte Auslegung 30
4.8 Der Fachmann als Maßstab der Auslegung 31

Der Patentinhaber kann durch das Verbietungsrecht des § 9 Satz 2 Patentgesetz jeden unbefugten Dritten von jeder Form der Benutzung der patentgeschützten Erfindung ausschließen.[1] Die Gegenstände, die durch die Ansprüche beschrieben werden, stellen den Schutzumfang dar und begründen ein Verbietungsrecht. Der Schutzumfang der Ansprüche ist durch Auslegung zu ermitteln. Eine Auslegung der Ansprüche muss daher zwingend vor jeder Patentdurchsetzung erfolgen.[2]

---

[1] BGH GRUR 1973, 208, 209 – Neues aus der Medizin; BGH GRUR 1980, 241 – Rechtsschutzbedürfnis; BGH GRUR 1992, 318, 319 – Jubiläumsverkauf; Mes, 5. Aufl. 2020, PatG § 139 Rn. 58.

[2] Timmann, § 3 Auslegung und Schutzbereich von Patenten, Haedicke/Timmann, Handbuch des Patentrechts, 2. Auflage 2020, Rn. 5.

© Der/die Autor(en), exklusiv lizenziert an Springer-Verlag GmbH, DE, ein Teil von Springer Nature 2025
T. H. Meitinger, *Begründung der erfinderischen Tätigkeit*,
https://doi.org/10.1007/978-3-662-71422-5_4

Eine Patentdurchsetzung erfolgt auf der Grundlage eines Unterlassungsanspruchs. Ein durchsetzbarer Unterlassungsanspruch eines Patentinhabers oder eines Dritten, beispielsweise eines ausschließlichen Lizenznehmers, besteht, falls ein Patentanspruch verletzt wurde oder ernsthaft anzunehmen ist, dass eine Verletzung unmittelbar bevorsteht.

Der Patentanspruch ist die maßgebliche Grundlage für die Bestimmung des Schutzumfangs eines Patents.[3] Die Beschreibung und die Zeichnungen sind in jedem Fall, und nicht nur bei Unklarheiten der Ansprüche, zur Unterstützung der Auslegung der Patentansprüche heranzuziehen. Die Auslegung eines Anspruchs ist unabhängig davon, ob eine Patentverletzung oder der Rechtsbestand eines Patents zu bewerten ist.

Bei der Schutzbereichsbestimmung sind nur die unabhängigen Patentansprüche zu berücksichtigen. Die abhängigen Ansprüche, die sich auf einen unabhängigen Anspruch beziehen, beschreiben nur besondere Ausführungsformen, deren Schutzbereich bereits durch den Schutzumfang der unabhängigen Ansprüche mit umfasst ist.[4]

Der Sinngehalt der Ansprüche ist durch Auslegung zu ermitteln. Eine Auslegung erfolgt aus der Perspektive des Fachmanns.[5] Zur Ermittlung der patentgeschützten technischen Lehre ist ein technisches Verständnis erforderlich. Nach § 14 Satz 2 Patentgesetz[6] sind die Ansprüche im Lichte der Beschreibung und der Zeichnungen auszulegen.

Die Patentansprüche sind von dem Fachmann derart auszulegen, dass unlogische und technisch unsinnige Ausführungsformen unberücksichtigt bleiben. Der Fachmann sollte durch Strukturierung und in einer Gesamtschau der Merkmale zu technisch sinnvollen Ausführungsformen gelangen.[7] Die Ansprüche sind daher vom Fachmann nicht zwanghaft falsch zu verstehen, sondern mit seinem Fachwissen und Fachkönnen derart zu interpretieren, dass sich nicht unsinnige, sondern sinnvolle technische Lösungen aus dem Wortlaut des Anspruchs ergeben.[8] Es ist wichtig, dass nicht einfach der Sinngehalt der Worte des Anspruchs addiert wird, sondern dass der Aussagegehalt anhand des Fachwissens und Fachkönnens des Fachmanns erarbeitet wird.

Die Bestimmung des Schutzumfangs der Ansprüche ist zentral für die Klärung einer Patentverletzung, und damit für eine Patentdurchsetzung.[9] Eine Bestimmung des Schutzumfangs eines Anspruchs hat den Grundsätzen der Rechtssicherheit und des Gebots der angemessenen Belohnung zu folgen. Rechtssicherheit besteht, falls jeder Dritte anhand der Anspruchsformulierung eindeutig feststellen kann, welche Ausführungsformen geschützt

---

[3] Artikel 69 EPÜ i. V. m. Protokoll über die Auslegung des Artikel 69 EPÜ.
[4] Nägerl, § 4. Abgrenzung vom Stand der Technik – Neuheit und erfinderische Tätigkeit, Haedicke/Timmann, Handbuch des Patentrechts 2. Auflage 2020 Rn. 45.
[5] BGH GRUR 2016, 1031 – Wärmetauscher: enge Voraussetzungen für Einräumung einer Aufbrauchfrist bei Patentverletzung.
[6] Analog: Artikel 154 EPÜ.
[7] BGH 29.6.2010 – X ZR 193/03, GRUR 2010, 858 Rn. 13 – Crimpwerkzeug III; BGH 22.12.2009 – X ZR 56/08, GRUR 2010, 214 Rn. 29 – Kettenradanordnung II; Meier-Beck GRUR 2011, 857, 862.
[8] Benkard EPÜ/Wieser/Kinkeldey, 4. Aufl. 2023, EPÜ Art. 84 Rn. 12.
[9] Osterrieth, Teil 6. Patentverletzung, Osterrieth, Patentrecht, 6. Auflage 2021, Rn. 855.

4 Auslegung der Ansprüche

sind. Außerdem soll ein Patent eine Belohnung für die Schaffung der Erfindung und die Veröffentlichung der technischen Lehre darstellen. Einer revolutionären Erfindung kann im Vergleich zu einem sogenannten „Trivialpatent" ein größerer Schutzumfang zugestanden werden.[10] Hierdurch kann über die Rechtsprechung eine Angemessenheit des Schutzumfangs erzielt werden.[11]

Allerdings obliegt es jedem Anmelder selbst, dafür zu sorgen, dass seine Erfindung in den Anmeldeunterlagen, und insbesondere in den Ansprüchen, korrekt und präzise beschrieben ist.[12] Mängel der Beschreibung gehen zulasten des Anmelders, da es dieser in der Hand hatte, die technische Lehre der Erfindung angemessen zu formulieren.

Bei der Auslegung von Ansprüchen ist vom Offenbarungsgehalt der Ansprüche auszugehen, wobei die Beschreibung und die Zeichnungen der Patentschrift als Auslegungshilfen anzusehen sind.[13] Hierdurch können insbesondere unklare Begriffe eines Patentanspruchs geklärt werden. Außerdem kann der Umfang des Schutzbereichs bestimmt werden.[14] Die Beschreibung und die Zeichnungen dürfen nur als eine Erläuterung der Ansprüche verstanden werden.[15] Die Patentansprüche bestimmen den unter Schutz gestellten Gegenstand.[16] Damit die Patentansprüche diese Aufgabe erfüllen, sind sie klar zu formulieren. Liegen dem Prüfer im Patentamt im Erteilungsverfahren unklare Ansprüche vor, ist die Patentanmeldung zurückzuweisen.[17]

Die Auslegung eines Patentanspruchs stellt eine richterliche Aufgabe in einem Patentverletzungsverfahren dar und führt zu der Rechtserkenntnis über den Schutzumfang eines Patents.[18]

Ansprüche bedürfen der Auslegung, um den Schutzumfang des Verbietungsrechts eines Patents zu bestimmen. Eine Auslegung ist stets erforderlich, selbst falls der Wortlaut eines Anspruchs selbsterklärend erscheinen mag. Dies ist bereits aus der Eigenschaft eines Patents verständlich, dass ein Patent sein eigenes Lexikon darstellt. Begriffe in einem Patent können abweichend von einer üblichen Weise definiert sein, um die Erfindung

---

[10] Osterrieth, Teil 6. Patentverletzung Osterrieth, Patentrecht, 6. Auflage 2021, Rn. 856–860; Schulte/Rinken, PatG § 14 Rn. 15 ff.

[11] BGHZ 100, 249 (254) – Rundfunkübertragungssystem.

[12] Osterrieth, Teil 6. Patentverletzung Osterrieth, Patentrecht, 6. Auflage 2021, Rn. 859.

[13] Mes, 5. Aufl. 2020, PatG § 34 Rn. 31.

[14] BGH GRUR 2004, 413, 414, re.Sp. – Geflügelkörperhalterung; 2002, 511 – Kunststoffrohrteil; BGHZ 150, 149, 153 = GRUR 2002, 515 – Schneidmesser I; 2002, 519, 521, li.Sp. – Schneidmesser II; 2002, 523, 524 – Custodiol I; 2002, 527, 528, 529 – Custodiol II; BGHZ 125, 303, 309 = GRUR 1994, 597 – Zerlegvorrichtung für Baumstämme; BGHZ 105, 1, 10 = GRUR 1988, 896 – Ionenanalyse; BGHZ 98, 12, 18 = GRUR 1986, 803 – Formstein.

[15] Osterrieth, Teil 6. Patentverletzung Osterrieth, Patentrecht 6. Auflage 2021 Rn. 866.

[16] § 14 Satz 1 Patentgesetz: „Der Schutzbereich des Patents und der Patentanmeldung wird durch die Patentansprüche bestimmt"; BGH GRUR 2000, 1005 – Bratgeschirr.

[17] § 34 Absatz 3 Nr. 3 Patentgesetz.

[18] Nägerl, § 4. Abgrenzung vom Stand der Technik – Neuheit und erfinderische Tätigkeit, Haedicke/Timmann, Handbuch des Patentrechts 2. Auflage 2020 Rn. 46.

geeignet zu beschreiben. Aus diesem Grund ist stets eine Auslegung der Ansprüche vor dem Hintergrund der gesamten Offenbarung des Patents erforderlich. Mit der korrekten Auslegung der Ansprüche wird ein angemessener Schutz für den Patentinhaber und Rechtssicherheit für Dritte gewährleistet.[19]

Die Auslegung dient insbesondere der Beseitigung von Unklarheiten und dem richtigen Verständnis der benutzten Begriffe.[20] Bei der Auslegung von Ansprüchen ist zunächst von der Formulierung des betreffenden Anspruchs auszugehen.[21] Allerdings ist zur Auslegung zwingend die Beschreibung und die Zeichnungen des Patents heranzuziehen.[22] Die Ansprüche, die Beschreibung und die Zeichnungen sind bei der Auslegung als eine Einheit aufzufassen. Allerdings ist die Priorität der Anspruchsformulierung anzuerkennen.[23]

Eine Rechtsnorm in den Rechtswissenschaften beschreibt eine abstrakte rechtliche Situation. Bevor die Rechtsfolgen einer Rechtsnorm vollstreckt werden können, muss geprüft werden, ob die Rechtsnorm für die konkrete rechtliche Situation einschlägig ist. Hierzu dient die Auslegung. Eine Auslegung prüft, ob die Rechtsnorm für die konkrete rechtliche Situation anzuwenden ist.[24]

In den Rechtswissenschaften kann eine Auslegung insbesondere nach vier verschiedenen Varianten vorgenommen werden. Es gibt eine wortlautgemäße, eine systematische, eine teleologische und eine historische Auslegung. Es sind sämtliche Auslegungsvarianten auf eine Rechtsnorm anzuwenden. Diese von den Rechtswissenschaften entwickelten Auslegungsvarianten können bis auf die historische Auslegungsweise auf Patentansprüche angewandt werden.

Die Auslegungsvarianten sind nicht alternativ, sondern allesamt auf einen Patentanspruch anzuwenden, um dem Spannungsfeld zwischen dem gebührenden Schutzumfang für den Patentinhaber und der Rechtssicherheit der Öffentlichkeit gerecht zu werden.[25] Zusätzlich zu der wortlautgemäßen, der systematischen und der teleologischen Auslegung kann auf Patentansprüche eine funktionsorientierte Auslegung angewandt werden.

---

[19] Artikel 1 des Protokolls über die Auslegung des Artikels 69 EPÜ in der Fassung der Akte zur Revision des EPÜ vom 29. November 2000, https://www.epo.org/law-practice/legal-texts/html/epc/2020/d/ma2a.html, abgerufen am 1.9.2024.

[20] BGH, Urteil vom 12. März 2002 – X ZR 135/01, GRUR 2002, 519 – Schneidmesser II.

[21] § 14 Satz 1 Patentgesetz bzw. Artikel 69 Absatz 1 Satz 1 EPÜ.

[22] § 14 Satz 2 Patentgesetz bzw. Artikel 69 Absatz 1 Satz 2 EPÜ: „Die Beschreibung und die Zeichnungen sind jedoch zur Auslegung der Patentansprüche heranzuziehen."

[23] § 14 Satz 1 Patentgesetz.

[24] Reinhold Zippelius, Juristische Methodenlehre, 11. Auflage 2012, vor § 1, § 10; Karl Engisch, Die Idee der Konkretisierung in Recht und Rechtswissenschaft unserer Zeit, 2. Auflage, Heidelberg 1968; Karl Larenz, Methodenlehre, 1. Auflage 1960, 4. Kapitel; Bernd Rüthers, Methodenlehre, Rn. 698.

[25] Artikel 1 des Protokolls über die Auslegung des Artikels 69 EPÜ in der Fassung der Akte zur Revision des EPÜ vom 29. November 2000, https://www.epo.org/law-practice/legal-texts/html/epc/2020/d/ma2a.html, abgerufen am 1.9.2022.

Die Auslegung von Patentansprüchen erfolgt aus der Perspektive eines auf dem betreffenden technischen Gebiet tätigen Durchschnittsfachmanns. Der Durchschnittsfachmann ist eine fiktive Person.[26]

Eine historische Auslegung würde die Entstehungsgeschichte des Anspruchs betrachten. Die Entstehungsgeschichte einer Erfindung als Gegenstand eines Anspruchs kann im Gegensatz zu einer Rechtsnorm, bei der ermittelt werden kann, was der Gesetzgeber ursprünglich mit der Rechtsnorm bezweckte und durch welche Vorstellungen er sich leiten ließ, nicht verlässlich festgestellt werden. Eine historische Auslegung von Patentansprüchen findet daher nicht statt. Zudem würde eine subjektive Auslegung zu Rechtsunsicherheit führen und dem absoluten (objektiven) Neuheitsbegriff zuwider laufen.[27]

4.1 Zweck der Auslegung

Der Zweck der Auslegung eines Anspruchs liegt darin, dem Anmelder den angemessenen Schutz zu verschaffen und andererseits durch eine nachvollziehbare, objektive Bestimmung der Begrifflichkeiten des Anspruchs eine ausreichende Rechtssicherheit zu gewährleisten.

4.2 Hauptanspruch, Nebenanspruch, Unteransprüche, unabhängige und abhängige Ansprüche

Der Hauptanspruch ist der erste Anspruch eines Anspruchssatzes und enthält die wesentlichen Merkmale der Erfindung.[28] Ein Anspruchssatz kann Ansprüche neben dem Hauptanspruch umfassen, die sich auf keinen vorhergehenden Anspruch beziehen. Diese Ansprüche werden als nebengeordnet oder als Nebenansprüche bezeichnet.[29] Zumeist gehören die Nebenansprüche einer anderen Patentkategorie als der Hauptanspruch an. Alle anderen Ansprüche sind Unteransprüche, die sich auf vorhergehende Ansprüche beziehen und daher sämtliche Merkmale der jeweils rückbezogenen Merkmale enthalten.[30] Der Hauptanspruch und die Nebenansprüche werden als unabhängige Ansprüche bezeichnet.[31] Die Unteransprüche werden alternativ als abhängige Ansprüche bezeichnet.

---

[26] BGH, Urteil vom 9. Januar 2018 – X ZR 14/16, GRUR 2018, 390 – Wärmeenergieverwaltung; BGH, Urteil vom 12. März 2002 – X ZR 43/01, GRUR 2002, 511 – Kunststoffrohrteil.
[27] Benkard EPÜ/Scharen, 4. Aufl. 2023, EPÜ Art. 69 Rn. 15.
[28] § 9 Absatz 4 Patentverordnung.
[29] § 9 Absatz 5 Satz 1 Patentverordnung.
[30] § 9 Absatz 6 Satz 1 Patentverordnung.
[31] § 9 Absatz 5 Satz 1 Patentverordnung.

Abb. 4.1 Anspruchsarten

unabhängige Ansprüche	Hauptanspruch
	Nebenanspruch
abhängige Ansprüche	Unteransprüche

Erzeugnisanspruch	Vorrichtungsanspruch	Maschine, Gerät, Arbeitsmittel
	Stoffanspruch	chemisches Material
Verfahrensanspruch	Herstellungsanspruch	Schritte zur Herstellung eines Produkts
		Analysen, Auswertungen, Bearbeitungen
	Anwendungsanspruch	Schritte zur korrekten Anwendung eines Stoffs oder Vorrichtung

Abb. 4.2 Anspruchskategorien

Die Abb. 4.1 zeigt die Zuordnung von Hauptansprüchen, Nebenansprüchen und Unteransprüchen zu unabhängigen und abhängigen Ansprüchen.

4.3 Anspruchskategorien

Im wesentlichen können Erzeugnisansprüche und Verfahrensansprüche unterschieden werden, wobei die Erzeugnisansprüche in Vorrichtungsansprüche und Stoffansprüche unterteilt werden. Ein Verfahrensanspruch kann ein Herstellungsanspruch oder ein Anwendungsanspruch sein. Die Abb. 4.2 zeigt die unterschiedlichen Patentkategorien mit Beispielen in einer Übersicht.

4.4 Wortlautgemäße Auslegung

Bei der wortlautgemäßen oder wortsinngemäßen Auslegung wird der Wortsinn der einzelnen Begriffe des Anspruchs bestimmt. Die Summe der Begriffe ergibt den Sinngehalt des Anspruchs. Eine wortlautgemäße Auslegung stellt nur den Ausgangspunkt einer Auslegung eines Patentanspruchs dar. Zumindest eine systematische Auslegung ist zwingend zusätzlich erforderlich.[32]

Ein Anspruch muss aus sich selbst heraus klar und eindeutig sein.[33] Diese Klarheit ist jedoch nur aus der Sicht eines Fachmanns erforderlich, der sein technisches Verständnis

---

[32] § 14 Satz 2 Patentgesetz.
[33] Benkard EPÜ/Wieser/Kinkeldey, 4. Aufl. 2023, EPÜ Art. 84 Rn. 15.

mit seinem spezialisierten Fachwissen und Fachkönnen nutzt, um den Aussagegehalt der Ansprüche zu extrahieren.[34]

Bei der Auslegung von Ansprüchen ist jedes Wort des Anspruchs zu würdigen. Allerdings sollte bei der Auslegung nicht an dem Wortlaut geklebt werden. Die Worte des Anspruchs sind daher nicht wortwörtlich zu verstehen, sondern anhand des fiktiven Fachmanns einzuordnen.[35]

Die wortlautgemäße Auslegung stellt den Ausgangspunkt jeder Auslegung von Ansprüchen dar.[36] Hierbei ist der Sinngehalt der Ansprüche anhand ihrer Formulierung vor dem Hintergrund der Beschreibung und der Zeichnungen zu ermitteln.[37] Eine Auslegung eines Anspruchs erfolgt daher immer auch durch eine systematische Auslegung, wobei der Sinngehalt aus dem Kontext der Beschreibung, der Zeichnungen und der restlichen Ansprüche des Anspruchssatzes ermittelt wird.

4.5 Systematische Auslegung

Die systematische Auslegung eines Anspruchs ermittelt den Sinngehalt eines Anspruchs aus dem Kontext der Beschreibung, der Zeichnungen und der restlichen Ansprüche. Eine systematische Auslegung dient insbesondere dazu, unklare Begriffe des Anspruchs eindeutig zu bestimmen oder widersprüchliche Formulierungen aufzulösen.[38]

Es kann sich eine Diskrepanz zwischen der wortlautgemäßen und der systematischen Auslegung der Ansprüche dadurch ergeben, dass die Beschreibung und die Zeichnungen im Gegensatz zum Wortlaut der Ansprüche stehen. In diesem Fall gilt der Sinngehalt, der aus dem Wortlaut der Ansprüche folgt.[39]

Eine Patentschrift gilt als ihr eigenes Wörterbuch, sodass der Sinngehalt von Begriffen der Ansprüche von einem üblichen Sinngehalt abweichen kann. Es ist daher erforderlich, die Patentschrift komplett zu würdigen und eventuell von üblichen Sinngehalten abzuweichen, wenn es angesichts der Offenbarung der Patentschrift geboten ist.[40]

---

[34] Benkard EPÜ/Wieser/Kinkeldey, 4. Aufl. 2023, EPÜ Art. 84 Rn. 20.
[35] Benkard EPÜ/Scharen, 4. Aufl. 2023, EPÜ Art. 69 Rn. 15.
[36] Osterrieth, Teil 6. Patentverletzung Osterrieth, Patentrecht, 6. Auflage 2021, Rn. 861.
[37] § 14 Patentgesetz.
[38] Benkard PatG/Schacht, 12. Aufl. 2023, PatG § 34 Rn. 162.
[39] Benkard EPÜ/Wieser/Kinkeldey, 4. Aufl. 2023, EPÜ Art. 84 Rn. 12.
[40] Benkard EPÜ/Wieser/Kinkeldey, 4. Aufl. 2023, EPÜ Art. 84 Rn. 13.

4.6 Teleologische Auslegung

Bei der teleologischen Auslegung wird nach dem Sinn und Zweck in der Anspruchsformulierung geforscht. Bei der teleologischen Auslegung wird insbesondere die technische Aufgabe zum Verständnis des Anspruchs herangezogen. Die teleologische Auslegung kann alternativ als aufgabenorientierte Auslegung bezeichnet werden.[41] Eine teleologische Auslegung von Ansprüchen wird kritisch gesehen, da das, was der Anmelder „eigentlich" mit der Erfindung bezwecken wollte, oft nicht eindeutig der Beschreibung zu entnehmen ist. Zudem kann es sich im Laufe des Patenterteilungsverfahrens ergeben, dass sich die zu lösende Aufgabe ändert. Der teleologischen Auslegung haftet daher ein hohes Maß an Ungewissheit an.[42]

4.7 Funktionsorientierte Auslegung

Die Ansprüche sind aus der Perspektive des Fachmanns auszulegen. Der Fachmann wird nach dem technischen Sinn, nach der beabsichtigten Funktion des Gegenstands des Anspruchs suchen und diesen anhand des Stands der Technik, der gestellten technischen Aufgabe und den Funktionen, die die beanspruchten Ausführungsformen leisten, ergründen.[43] Die Auslegung der Ansprüche erfordert das umfassende Fachwissen und das übliche Fachkönnen des Fachmanns, um den korrekten Schutzumfang der Ansprüche zu bestimmen. Durch diese Vorgehensweise kann der Fachmann Ausführungsformen, die technisch unsinnig sind, ausschließen.[44]

Bei der funktionsorientierten Auslegung ist darauf zu achten, dass keine unzulässige Verallgemeinerung erfolgt. Es können nur solche Ausführungsformen beansprucht werden, die unmittelbar und eindeutig der Anspruchsformulierung entnommen werden können. Die Gefahr bei der funktionsorientierten Auslegung ist, dass ein Verständnis zugrunde gelegt wird, das am Anmelde- oder Prioritätstag nicht bestand und daher über den Schutzumfang hinausführt.[45]

---

[41] BGH, Urteil vom 4.2.2010 – Xa ZR 36/08, GRUR 2010, 602 – Gelenkanordnung.
[42] Osterrieth, Teil 6. Patentverletzung in Osterrieth, Patentrecht, 6. Auflage 2021, Rn. 859.
[43] Timman, § 3. Auslegung und Schutzbereich von Patenten, Haedicke/Timmann, Handbuch des Patentrechts, 2. Auflage 2020, Rn. 51.
[44] Timman, § 3. Auslegung und Schutzbereich von Patenten, Haedicke/Timmann, Handbuch des Patentrechts, 2. Auflage 2020, Rn. 52.
[45] Benkard PatG/Scharen, 12. Aufl. 2023, PatG § 14 Rn. 71; Meier-Beck GRUR 2003, 905, 907.

4.8 Der Fachmann als Maßstab der Auslegung

Der Schutzumfang, der sich aus den Ansprüchen ergibt, wird aus der Sicht des Fachmanns bestimmt.[46] Eine Erklärung, wie Ansprüche auszulegen sind, findet sich im Protokoll über die Auslegung des Art. 69 EPÜ, welches nach Art. 164 Absatz 1 EPÜ Bestandteil des Europäischen Patentübereinkommens ist. Demnach richtet sich der Schutzumfang nicht allein nach dem Wortlaut der Ansprüche. Zusätzlich ist zu fragen, was sich dem Fachmann vor dem Hintergrund der Beschreibung und der Zeichnungen als Schutzbegehren erschließt.[47] Außerdem ist das technische Verständnis des Fachmanns erforderlich, um Unvollständigkeiten zu füllen.[48]

Eine Auslegung von Patentansprüchen stellt ein anspruchsvolles Vorhaben dar, das ein häufiges Abwägen zwischen den eventuell unterschiedlichen Ergebnissen der wortlautgemäßen, der systematischen, der teleologischen und der funktionsorientierten Auslegung erfordert, der nur aus der Perspektive des Fachmanns gerecht werden kann.

Die erfinderische Tätigkeit ist aus Sicht des Fachwissens und Fachkönnens des Fachmanns vor dem Anmelde- oder Prioritätstags zu beurteilen.[49] Das folgt zwingend bereits daraus, dass nur der Stand der Technik vor dem Anmelde- oder Prioritätstag zugrunde zu legen ist. Es ist daher auch nur das Fachwissen und Fachkönnen des Fachmanns anzusetzen, das vor dem Anmelde- oder Prioritätstag dem Fachmann zur Verfügung stand.[50]

---

[46] Osterrieth: Der Fachmann im Patentrecht, GRUR 2021, 310, 312.
[47] Osterrieth: Der Fachmann im Patentrecht, GRUR 2021, 310, 312.
[48] Benkard PatG/Scharen, 12. Aufl. 2023, PatG § 14 Rn. 25.
[49] BGH GRUR-RS 2021, 12752 Rn. 35 – Zahnimplantat; EPA GRUR-Int 1983, 650, 651 – Metallveredelung; GrBK EPA G2/21 von 23.3.2023, Amtsblatt EPA 2023, A85.
[50] BGH GRUR 1969, 271, 272 – Zugseilführung; BGH GRUR 2004, 411, 413 – Diabehältnis; BGH GRUR 1980, 899 – Sauerteig.

Die erfinderische Tätigkeit 5

Inhaltsverzeichnis

5.1 Unbestimmter Rechtsbegriff der „erfinderischen Tätigkeit" 35
5.2 Aufgabe des Kriteriums der erfinderischen Tätigkeit 36
5.3 Erfinderischer Schritt eines Gebrauchsmusters 37
5.4 Objektive Bewertung der erfinderischen Tätigkeit 37
5.5 Nicht-technische Merkmale 38
5.6 Stand der Technik 39
5.7 Nächstliegender Stand der Technik 39
5.8 Nachveröffentlichter Stand der Technik 41
5.9 Technische Aufgabe 42
5.10 Verbot rückschauender Betrachtung 43
5.11 Naheliegen 44
5.12 Could-Would-Test 46
5.13 Prüfungsschema des deutschen Patentamts 47
5.14 Aufgabe-Lösungs-Ansatz des europäischen Patentamts 48
5.15 Unterschiede DPMA und EPA 50

Ein Fachmann wendet eine technische Lehre eines Dokuments nicht exakt wie sie beschrieben ist an. Stattdessen wandelt er sie entsprechend den speziellen Umständen und seinem Fachwissen und Fachkönnen ab. Bereits bei ganz gewöhnlichen Tätigkeiten ergeben sich Abwandlungen, zu denen der Techniker durch Anwendung seines Vorwissens und seiner Erfahrung gelangt. Diese Abwandlungen, die sich routinemäßig beim Fachmann einstellen, verdienen keinen rechtlichen Schutz. Stattdessen sollte hier ein rechtlicher Freiraum bestehen, um die übliche Berufstätigkeit eines Fachmanns nicht zu behindern. Würden bereits derartige Abwandlungen patentfähig sein, würde das Patentrecht die Anwendung der bekannten Technik behindern.[1] Der patentrechtliche Fachmann wird daher dazu benötigt, zu bestimmen, was noch routinemäßiges, handwerkliches Können eines Durchschnittsfachmanns ist und daher keine patentwürdige erfinderische Tätigkeit darstellt.

Das Kriterium der erfinderischen Tätigkeit stellt ein qualitatives Kriterium dar, das die schöpferische Leistung und Kreativität beurteilt. Es ist eine wertende Entscheidung vorzunehmen.[2] Die Bewertung der erfinderischen Tätigkeit stellt eine der schwierigsten Aufgaben des Patentrechts dar. Eine geschickte Argumentation des Erfinders kann zu einer Patenterteilung bzw. einer erfolgreichen Verteidigung in einem streitigen Verfahren führen, wohingegen eine weniger geeignete Begründung den Verlust des Verfahrens oder des Patents bedeuten kann.

Das Kriterium der erfinderischen Tätigkeit ist ein objektives Kriterium. Es kommt nicht auf eine subjektive Auffassung, eventuell des Anmelders oder des Erfinders, an.[3] Es ist nicht relevant, welches Vorwissen der Erfinder bei der Schaffung der Erfindung hatte. Der Erfinder durfte sich bei der Schaffung der Erfindung geirrt haben, also überhaupt nicht verstanden haben, warum die Erfindung den vorteilhaften Effekt erzeugt.[4] Andererseits führt eine Unkenntnis des Erfinders über den Stand der Technik nicht zur erfinderischen Tätigkeit seiner Erfindung.

Die Bewertung der erfinderischen Tätigkeit wurde früher als eine reine Tatfrage erachtet, bei der nur die korrekte Erhebung der tatsächlichen Verhältnisse erforderlich sei.[5] Da seit 1978 das Kriterium der erfinderischen Tätigkeit in das Patentgesetz aufgenommen wurde, handelt es sich mittlerweile um eine Rechtsfrage, bei der eine Auslegung der entsprechenden Rechtsnorm und eine Subsumtion erforderlich sind. Es ist daher eine rechtlich wertende Würdigung der Tatsachen erforderlich, um eine Bewertung der erfinderischen Tätigkeit vorzunehmen.[6]

Die erfinderische Tätigkeit stellt einen unbestimmten Rechtsbegriff dar, für den es nur eine richtige Entscheidung gibt. Es handelt sich um eine Rechtsfrage und keine Tatfrage.[7] Ein Ermessen gibt es nicht.

Zur Beurteilung der erfinderischen Tätigkeit sind drei Aspekte zu beachten:

---

[1] Ann, § 18. Erfinderische Leistung in Ann, Patentrecht, 8. Aufl. 2022, Rn. 2.
[2] BGH GRUR 1995, 330, 331 – elektrische Steckverbindung; BGH GRUR 2004, 411, 413 – Diabehältnis; BGH GRUR 2010, 410 – Insassenschutzsystemsteuereinheit.
[3] BGH GRUR 1987, 510 – Mittelohrprothese.
[4] BGH GRUR 1965, 138, 142 – Polymerisationsbeschleuniger; BGH GRUR 1994, 357, 358 – Muffelofen.
[5] BGH GRUR 1984, 797 – Zinkenkreisel; BGH GRUR 1987, 510 – Mittelohrprothese; BGH GRUR 1998, 913 – Induktionsofen.
[6] BGH GRUR 95, 330 Elektrische Steckverbindung; BGB GRUR 04, 411 Diabehältnis; BGH GRUR 06, 663 Vorausbezahlte Telefongespräche.
[7] BGH GRUR 06, 663 Vorausbezahlte Telefongespräche; BGH GRUR 06, 842 Demonstrationsschrank.

- Stand der Technik,
- Fachmann und
- Naheliegen.

Eine Beurteilung der erfinderischen Tätigkeit ist nur möglich, falls zunächst der relevante Stand der Technik und der anzuwendende Fachmann ermittelt werden. Der relevante Fachmann ist derjenige zum Zeitpunkt des Anmelde- bzw. Prioritätstag. Als Stand der Technik gelten sämtliche Offenbarungen, die vor dem Anmelde- bzw. Prioritätstag der Öffentlichkeit zugänglich gemacht wurden. Der angenommene patentrechtliche Fachmann wird daher mit dem Wissen vor dem Anmelde- bzw. Prioritätstag die erfinderische Tätigkeit bewerten.[8]

Da es sich bei der Frage der erfinderischen Tätigkeit bzw. Erfindungshöhe nicht um eine Tatfrage, sondern eine Rechtsfrage handelt, kann die Beurteilung der erfinderischen Tätigkeit nicht durch einen technischen Experten erfolgen.

Eine Erfindung kann nur eine ausreichende Erfindungshöhe aufweisen, wenn sie gegenüber jedem Dokument des Stands der Technik und jeder aus Sicht des Fachmanns sinnvollen Kombination der Dokumente des Stands der Technik eine erfinderische Tätigkeit aufweist. Wird durch eine Kombination der Dokumente des Stands der Technik eine mangelnde erfinderische Tätigkeit nachgewiesen, können weitere Prüfungen, eventuell mit einem anderen nächstliegenden Stand der Technik unterbleiben, da eine Änderung der Bewertung nicht mehr möglich ist.[9]

Es ist nicht erforderlich, dass die Erfindung eine Verbesserung bzw. einen technischen Fortschritt gegenüber dem Stand der Technik darstellt. Es kann ausreichend sein, wenn ein alternativer Lösungsweg einer technischen Aufgabe vorgeschlagen wird.[10]

5.1 Unbestimmter Rechtsbegriff der „erfinderischen Tätigkeit"

Bei der Beurteilung der erfinderischen Tätigkeit handelt es sich um eine wertende Beurteilung einer Rechtsfrage und nicht einer Tatfrage. Die Frage nach der Erfindungshöhe kann daher nicht von einem technischen Experten entschieden werden. Ein technischer Fachmann kann entscheiden, ob an dem Ausgang einer Schaltung 100 V oder 200 V anliegt. Allerdings ist hierdurch noch nicht die Frage nach der erfinderischen Tätigkeit beantwortet.

Die Frage nach der erfinderischen Tätigkeit erfordert eine wertende Beurteilung, denn hierbei ist beispielsweise festzustellen, ob die Herstellung eines supraleitenden Materials mit -200° C oder -220° C erfinderisch ist, wenn Supraleitung bei -240° C bereits bekannt

---

[8] EPA T 24/81.
[9] EPA T 1742/12.
[10] EPA T 1791/08.

ist. Ist außerdem in einem Anspruch 100 V als ein Merkmal angegeben, kann sich die Frage stellen, ob eine Schaltung, die 110 V erzeugt, den Anspruch noch verletzt. Derartige Fragen wird ein technischer Experte nicht beantworten.[11]

Bei der patentrechtlichen erfinderischen Tätigkeit liegt ein unbestimmter Rechtsbegriff vor, da dem Patentgesetz, wie bei dem Rechtsbegriff der Erfindung, keine Definition zu entnehmen ist. Die Bestimmung der erfinderischen Tätigkeit obliegt der Rechtspraxis der Patentämter und der Rechtsprechung der Gerichte, insbesondere dem Bundespatentgericht, den Patentstreitkammern der Landgerichte und dem Bundesgerichtshof.

5.2 Aufgabe des Kriteriums der erfinderischen Tätigkeit

Das Kriterium der erfinderischen Tätigkeit soll verhindern, dass sich ein Gestrüpp an Patenten ergibt, die die Tätigkeit des Fachmanns auf seinem technischen Gebiet über Gebühr belasten. Insbesondere das Europäische Patentamt strebte mit seiner Initiative „Raising the bar" an, sogenannte Trivialpatente zu verhindern.[12]

Ein Fachmann wendet eine technische Lehre des Stands der Technik nie genau so an, wie sie beschrieben ist. Der Fachmann lässt zumindest sein Fachkönnen bei der Anwendung mit einfließen, sodass regelmäßig eine (geringfügige) Abwandlung der technischen Lehre zur Anwendung gelangt.[13] Wäre eine derartige geringfügige Variation bereits durch ein Patent monopolisierbar, würde das Patentrecht der technischen Anwendung von bekanntem Wissen im Wege stehen. Naheliegende Abwandlungen einer technischen Lehre können daher durch ein Patent nicht beansprucht werden.

Patente werden nur für besondere Leistungen vergeben und dienen als Ansporn zur Bereicherung des technischen Wissens.[14] Patente sollen daher nicht für Triviales erteilt werden. Daraus ergibt sich, dass sich um den Stand der Technik ein Zwischenbereich befindet, der gemeinfrei ist.[15] Eine Aufgabe des Kriteriums der erfinderischen Tätigkeit ist daher das Vermeiden von Trivialpatenten, die zur Behinderung der ökonomischen und technologischen Entwicklung führen.[16] Befindet sich die Erfindung außerhalb dieses gemeinfreien Bereichs, weist die Erfindung eine ausreichende erfinderische Tätigkeit für eine Patenterteilung auf.

---

[11] Beckmann, Über die Differenzierung und Quantifizierung von Erfindungshöhe, Schutzrechtsverletzung und Rechtsfolgen im Patentrecht, GRUR 1998, 7, 8.
[12] Koch, Das Merkmal der erfinderischen Tätigkeit als Korrektiv des Patentrechts, GRUR Int 2008, 669.
[13] Nähring, GRUR 1959, 57 f.
[14] BGH GRUR 87, 231; 96, 109 Klinische Versuche I; 97, 454 Kabeldurchführung; Mitteilungen der deutschen Patentanwälte 97, 253 Klinische Versuche II.
[15] BGH GRUR 06, 842 Demonstrationsschrank; Goebel GRUR 08, 301; Keukenschrijver GRUR Int 08, 665; Wenzel GRUR 13, 140.
[16] Koch, Das Merkmal der erfinderischen Tätigkeit als Korrektiv des Patentrechts, GRUR-Int 2008, 669, 670.

Eine Erfindung ist daher nur dann patentfähig, wenn sie sich von dem zu Erwartenden abhebt und damit einen ausreichenden Abstand zum Stand der Technik aufweist. Es ist offensichtlich, dass das Kriterium der erfinderischen Tätigkeit erheblich schwieriger in der Anwendung im Vergleich zum Neuheitserfordernis ist.

5.3 Erfinderischer Schritt eines Gebrauchsmusters

Das Gebrauchsmustergesetz verlangt von einem rechtsbeständigen Gebrauchsmuster keine „erfinderische Tätigkeit", sondern einen „erfinderischen Schritt". Die Absicht des Gesetzgebers war es, mit dem Gebrauchsmustergesetz ein Schutzrecht zu schaffen, das eine geringere Hürde im Vergleich zum Patentrecht erfordert.[17]

Die Rechtsprechung folgte nach vielen Jahren, in denen die Schwierigkeiten bei der Handhabung eines erfinderischen Schritts mit geringerer Erfindungshöhe immer deutlicher wurden, der Absicht des Gesetzgebers nicht mehr und entschied in der Demonstrationsschrank-Entscheidung[18], dass an die Erfindungshöhe des erfinderischen Schritts[19] eines Gebrauchsmusters dieselben Anforderungen zu stellen sind wie an die erfinderische Tätigkeit[20] eines Patents.

5.4 Objektive Bewertung der erfinderischen Tätigkeit

Eine Erfindung wird auf ihre objektive erfinderische Tätigkeit geprüft. Es ist nicht relevant, ob es für den vorliegenden Erfinder schwierig oder einfach war, zur Erfindung zu gelangen. Ob der Erfinder ein Nobelpreisträger oder eine Reinigungskraft ohne technische Vorbildung ist, bleibt außer Betracht. Die individuelle Anstrengung, die zur Schaffung der Erfindung erforderlich war, ist ohne Belang. Die erfinderische Tätigkeit ist aus Sicht eines Durchschnittsfachmanns zu bewerten. Nur wenn der Abstand zwischen dem Stand der Technik und der Erfindung so groß ist, dass die Erfindung für den patentrechtlichen Fachmann nicht mehr naheliegend ist, liegt eine ausreichende erfinderische Tätigkeit für eine Patenterteilung vor.[21]

---

[17] BPatG Mitteilungen der deutschen Patentanwälte 2002, 46 – Leitungskanal; BPatG GRUR 204, 852 – Materialstreifenpackung; BPatG GRUR 2006, 489 – Werkzeug zum Aneinanderfügen von Profilbrettern; BPatG BeckRS 2012, 19.103 – Bohrvorrichtung; BPatG BIPMZ 2006, 36 – Toilettensitzerhöhung.
[18] BGH, Erfinderischer Schritt im Gebrauchsmusterrecht – Demonstrationsschrank – NJW, 2006, 3208 und GRUR 2006, 842, 845 – Demonstrationsschrank.
[19] § 1 Absatz 1 Gebrauchsmustergesetz.
[20] § 4 Satz 1 Patentgesetz.
[21] § 4 Satz 1 Patentgesetz.

Es wäre falsch, die Erteilung eines Patents als ein Ritterschlag für eine Erfindung wegen ihrer besonderen schöpferischen Leistung anzusehen. Tatsächlich ist das Kriterium der erfinderischen Tätigkeit bereits für jede nicht nur durchschnittliche Leistung erfüllt.[22]

5.5 Nicht-technische Merkmale

Nach § 1 Absatz 1 Patentgesetz werden Patente nur für Erfindungen auf technischem Gebiet erteilt. Enthält eine Erfindung ausschließlich nichttechnische Merkmale ist eine Patentierung ausgeschlossen. Liegt ein Anspruch vor, der teilweise technische und teilweise nichttechnische Merkmale aufweist, so können die nichttechnischen keine erfinderische Tätigkeit begründen.[23] Dies gilt nicht, wenn der erfinderische Effekt nur in Mitwirkung der nichttechnischen mit den technischen Merkmalen eintritt. In diesem Fall müssen auch die nichttechnischen Merkmale bei der Bewertung der erfinderischen Tätigkeit berücksichtigt werden.[24]

In aller Regel jedoch werden sämtliche nichttechnischen Merkmale bei der Bewertung der erfinderischen Tätigkeit außer Acht gelassen[25] und der Prüfung auf erfinderische Tätigkeit nur diejenigen Merkmale zugrunde gelegt, die technischen Charakter aufweisen und der Lösung des technischen Problems dienen.[26] Die bloße Vermittlung von Wissen oder Merkmale, die eine rein ästhetische Bedeutung aufweisen, können keine Erfindungshöhe sicherstellen. Dies gilt ebenso für technisch unsinnige Merkmale.[27]

---

[22] BGH, Erfinderischer Schritt im Gebrauchsmusterrecht – Demonstrationsschrank – NJW, 2006, 3208 und GRUR 2006, 842, 845 – Demonstrationsschrank.
[23] EPA 8.9.2000 – T 931/95, ABl. EPA 2001, 441; EPA 4.4.2000 – T 158/97, BeckRS 2000 30529657; EPA 9.7.2002 – T 1177/97, BeckRS 2002 30684643; EPA 26.9.2002 – T 641/00, ABl. EPA 2003, 352; EPA 12.7.2005 – T 914/02, BeckRS 2005 30657298; EPA 22.3.2006 – T 619/02, ABl. EPA 2007, 63; EPA 17.3.2005 – T 531/03, BeckRS 2005 30600453; EPA 7.3.2007 – T 1284/04, BeckRS 2007 30689156; EPA 27.10.2006 – T309/05, BeckRS 2006 30562011; EPA 15.4.2008 – T 812/05, BeckRS 2008 30657028; EPA 23.6.2010 – T 784/06, Sonderausgabe ABl. EPA 2011, 39 f.; EPA 2.9.2008 – T 1814/07, BeckRS 2008, 145852.
[24] EPA 29.7.1983 – T37/82, ABl. EPA 1982, 71; EPA 15.11.2006 – T154/04, ABl. EPA 2008, 46; EPA 13.12.2006 – T1227/05, ABl. EPA 2007, 574; EPA T1171/06; EPA 27.1.2010 – T354/07, BeckRS 2010, 146235; EPA 11.7.2013 – T1670/07, Zusatzpublikation ABl. EPA 2014, 41.
[25] EPA 8.9.2000 – T931/95, ABl. EPA 2001, 441; EPA 26.9.2002 – T641/00. ABl. EPA 2003, 352; EPA 27.11.2003 – T172/03, BeckRS 2003 30533185; EPA 24.11.2003 – T1121/02, beckRS 2003 3068046; EPA 24.11.2003 – T258/03, ABl. EPA 2004, 575; EPA 18.4.2008 – T756/06, BeckRS 2008, 145275; EPA 21.9.2012 – T1784/06, BeckRS 2012, 213594; EPA 13.10.2025 – T483/11, Zusatzpublikation ABl. EPA 2017, 22.
[26] BGH GRUR 2020, 599 Rn. 24 – Rotierendes Menü.
[27] BGH GRUR 2015, 983 Rn. 31 – Flugzeugzustand.

5.6 Stand der Technik

Der Stand der Technik umfasst sämtliche Dokumente, Offenbarungen, Präsentationen und in sonstiger Weise vorhandenes Know-How, das vor dem Anmelde- oder Prioritätstag der Patentanmeldung bekanntgemacht wurde.[28]

Es wird angenommen, dass dem Fachmann zum Prioritätszeitpunkt, dem Anmelde- oder Prioritätstag, der komplette Stand der Technik zur Verfügung stand. Es spielt dabei keine Rolle, wie schwierig es war, den Stand der Technik zu ermitteln. Eine Ausnahme kann sich ergeben, wenn der Zugang der Öffentlichkeit nahezu ausgeschlossen war, da prohibitiv hohe Zugangskosten verlangt wurden.[29]

Im Gegensatz zur Neuheitsprüfung, bei dem ein Einzelvergleich vorgenommen wird, wird der Stand der Technik bei der Prüfung auf Erfindungshöhe vom Fachmann mosaikartig kombiniert.[30] Der Offenbarungsgehalt des Stands der Technik entspricht dabei demjenigen, was der Fachmann entnehmen würde.[31]

Hat der Fachmann eine Veranlassung ein Dokument zu benutzen und sind in diesem mehrere alternative Ausführungsformen beschrieben, so wird der Fachmann jede der Ausführungsformen in Betracht ziehen.[32]

Stehen zwei Dokumente des Stands der Technik im Widerspruch zueinander, wird der Fachmann eine Kombination der Dokumente ausschließen.

5.7 Nächstliegender Stand der Technik

Der nächstliegende Stand der Technik ist derjenige Stand der Technik, den der Fachmann als Ausgangspunkt nehmen würde, um zur technischen Lehre der zu prüfenden Erfindung zu gelangen.

Das Europäische Patentamt nimmt als nächstliegenden Stand der Technik das aussichtsreichste Dokument, um zur Erfindung zu gelangen. Im europäischen Verfahren wird dasjenige Dokument als nächstliegend betrachtet, das denselben Zweck oder dasselbe Ziel verfolgt, dieselbe Wirkung beabsichtigt und die wesentlichen Merkmale mit der zu

---

[28] § 3 Absatz 1 Satz 2 Patentgesetz.
[29] BGH Bausch 1994/1999, 159, 162 – Betonringe; EPA GRUR-Int 1986, 545, 546 – Boeing; BGH Liedl 1963/1964, 157, 166.
[30] Benkard PatG/Asendorf/Schmidt/Tochtermann, 12. Aufl. 2023, PatG § 4 Rn. 33.
[31] BGH – Rohrschelle; BGH GRUR 54,24 – Mehrfachschelle; BGH GRUR 64, 167 – Schreibstift; BGH GRUR 74, 208 – Stromversorgungseinrichtung.
[32] EPA 11.10.2019 – T 787/17, Zusatzpublikation 2 ABl. EPA 2021, 12.

prüfenden Erfindung gemein hat.³³ Das nächstliegende Dokument sollte daher die wenigsten strukturellen Unterschiede zur Erfindung aufweisen. Das wichtigste Merkmal bei der Wahl des nächstliegenden Stands der Technik ist die Ähnlichkeit der technischen Aufgabe. Die Anzahl der identischen Merkmale ist weniger bedeutsam. Das nächstliegende Dokument des Stands der Technik sollte daher einen gleichen oder ähnlichen Zweck bzw. dieselbe Wirkung zum Ziel haben.³⁴ Außerdem sollte der nächstliegende Stand der Technik demselben oder zumindest einem angrenzenden technischen Gebiet wie die zu prüfende Erfindung angehören.

Es ist durchaus möglich, dass mehrere Dokumente als jeweils nächstliegender Stand der Technik angesehen werden. In diesem Fall ist ausgehend von jedem einzelnen Dokument die Erfindungshöhe der Erfindung zu prüfen.³⁵

Allerdings ist in aller Regel als nächstliegender Stand der Technik nur ein Dokument anzusehen. In besonderen Ausnahmefällen können mehrere Dokumente zusammen als nächstliegender Stand der Technik akzeptiert werden. Stammen beispielsweise mehrere Patentschriften von demselben Erfinder und stehen diese auch in einem inhaltlichen Zusammenhang, so können ausnahmsweise die technischen Lehren mehrerer Patentschriften gemeinsam als der nächstliegende Stand der Technik genutzt werden.³⁶

Ist einem Dokument keine Aufgabenstellung zu entnehmen, die zumindest derjenigen ähnelt, die als objektive technische Aufgabe zur Erfindung führt, sollte das betreffende Dokument eher nicht als nächstliegender Stand der Technik benutzt werden. In diesem Fall wird der Fachmann das betreffende Dokument nicht in Betracht ziehen, um die objektive technische Aufgabe zu lösen. Es ist in diesem Fall nicht als nächstliegender Stand der Technik geeignet.

Die Benutzung eines nächstliegenden Stands der Technik kann als eine prozessökonomische Vorgehensweise angesehen werden. Es kann argumentiert werden, dass falls eine erfinderische Tätigkeit ausgehend vom nächstliegenden Stand der Technik vorliegt, diese auch bei jedem anderen Dokument des Stands der Technik als Ausgangspunkt der Betrachtung gegeben ist.³⁷

---

³³ EPA 18.9.1990 – T 606/89 ABl. EPA 1991, 24; EPA 26.11.1993 – T 570/91, ABl. EPA 1995, 35 f.; EPA 16.5.1995 – T 1040/93, BeckRS 1995 30672905; EPA 5.2.1997 – T 506/95, ABl. EPA 1998, 26; EPA 9.2.2017 – T 1747/12, BeckRS 2017, 116208; EPA T 2255/10.
³⁴ EPA T 1148/15; EPA T 698/10.
³⁵ EPA 25.10.2001 – T 967/97, BeckRS 2001 30664708; EPA 18.2.2004 – T 558/00, BeckRS 2004 30604708; EPA 2.9.2010 – T 21/08 BeckRS 2010, 146886; EPA 8.2.2012 – T 1289/09, BeckRS 2012, 215691; EPA 22.6.2016 – T 1742/12 Beck RS 2016, 120569; EPA 28.2.2014 – T 1437/09 Zusatzpublikation 4 ABl. EPA 2015, 34; EPA 9.2.2011 – T 308/09 BeckRS 2011, 146156; Prüfungsrichtlinien 2021 G VII, 5.1; EPA 23.3.2017 – T 1570/13, BeckRS 2017, 122845; EPA 10.1.2018 – T 855/15, BeckRS 2018, 1242.
³⁶ EPA 27.6.1990 – T 176/89, RprBK 2019, 205; EPA 3.11.2010 – T 53/08 Rspr. BK 2019, 207; EPA 11.1.2018 -T 2571/12 Rspr. BK 2019, 207.
³⁷ EPA T 816/16.

Es ist nicht zwingend, einen nächstliegenden Stand der Technik zu definieren. In der Bestimmung eines nächstliegenden Stands der Technik kann insbesondere die Gefahr der unzulässigen rückschauenden Betrachtung vermutet werden. Grundsätzlich sollte für jedes Dokument des Stands der Technik als Ausgangspunkt die Prüfung der erfinderischen Tätigkeit durchgeführt werden.[38]

Die Wahl eines Dokuments als nächstliegenden Stand der Technik muss begründet werden. In aller Regel ist die Begründung, dass sich der Fachmann um eine bessere oder alternative Lösung zum bestehenden Stand der Technik bemüht.[39]

Ist eine revolutionäre, bahnbrechende Erfindung zu bewerten, ist es sehr schwierig, einen sinnvollen nächstliegenden Stand der Technik zu bestimmen.

In Verfahren vor dem Einheitlichen Patentgericht muss nach dem realistischen Ausgangspunkt gesucht werden, um das technische Problem zu lösen. Es kann mehrere realistische Ausgangspunkte geben. Ein Ausgangspunkt ist aus Sicht des Einheitlichen Patentgerichts realistisch, wenn das Dokument eine ähnliche oder dieselbe Aufgabe löst bzw. mit dem Dokument ein ähnliches Erzeugnis oder ein ähnliches Verfahren entwickelt wird.

Für das Europäische Patentamt ergibt sich insbesondere der nächstliegende Stand der Technik als dasjenige Dokument, das die wenigsten strukturellen Änderungen erforderlich macht, um zur zu prüfenden Erfindung zu gelangen.

5.8 Nachveröffentlichter Stand der Technik

Bei nachveröffentlichtem Stand der Technik handelt es sich um Patente oder Patentanmeldungen, die vor dem Anmelde- bzw. Prioritätstag einer auf Patentfähigkeit zu prüfenden Patentanmeldung beim Patentamt eingereicht wurden, die aber erst am oder nach dem Anmelde- bzw. Prioritätstag der Anmeldung veröffentlicht wurden.[40] Diese Patentschriften können die Neuheit einer Patentanmeldung in Frage stellen[41], sie werden jedoch nicht zur Bewertung der erfinderischen Tätigkeit herangezogen.[42] Das ist sachgerecht, denn in der Zeit, in der das Patentamt die Patentschrift geheim gehalten hat, konnten sie nicht mit anderen Dokumenten kombiniert werden, um in naheliegender Weise zur Erfindung zu gelangen. Nachveröffentlichter Stand der Technik ist daher bei der Bewertung der

---

[38] Jestaedt GRUR 2001, 939, 941; EPA GRUR-Int 1996, 723 – Aluminiumlegierung/ALCAN; EPA Mitteilungen der deutschen Patentanwälte 2002, 315 – Chipkarte.
[39] BGH GRUR 2009, 382 Rn. 51 – Olanzapin; BGH GRUR 2017, 148 Rn. 42 f. – Opto-Bauelement; BGH GRUR 2017, 498, Rn. 28 – Gestricktes Schuhoberteil; BGH GRUR-RS 2020, 38.340 Rn. 33.
[40] § 3 Absatz 2 Patentgesetz; Artikel 54 Absatz 3 EPÜ.
[41] § 3 Absatz 2 Patentgesetz; Artikel 54 Absatz 3 EPÜ.
[42] § 4 Satz 2 Patentgesetz; Artikel 56 Satz 2 EPÜ.

erfinderischen Tätigkeit unbeachtlich. Durch die Berücksichtigung des nachveröffentlichten Stands der Technik bei der Neuheitsprüfung soll eine Doppelpatentierung derselben Erfindung verhindert werden.

5.9 Technische Aufgabe

Der Bewertung der erfinderischen Tätigkeit wird in aller Regel nicht die Aufgabe zugrunde gelegt, der sich der Erfinder im Moment der Schaffung der Erfindung gestellt hat. Die subjektive Fragestellung des Erfinders bleibt außen vor. Stattdessen ist auf die objektive technische Aufgabe abzustellen, die sich aus dem zum Stichtag vorliegenden Stand der Technik ergibt. Die objektive technische Aufgabe hängt unmittelbar und direkt mit den vorteilhaften Wirkungen der Erfindung in Zusammenhang.[43]

Die technische Aufgabe ist das objektive Problem, das der Fachmann mit der Erfindung löst. Die Aufgabe ist im Prüfungsverfahren vor dem Patentamt aufgrund der Dokumente des Stands der Technik zu bestimmen. Eine Umformulierung der technischen Aufgabe ist in jedem Stadium des Prüfungsverfahrens und auch noch im Anmelderbeschwerdeverfahren zulässig.[44]

Es kann durchaus sein, dass der Erfinder erst dank einer besonders geistreichen Aufgabenstellung zu seiner Erfindung gelangt ist. In diesem Sinne stellt die vom Erfinder ersonnene Aufgabe ein Teil der Erfindung dar. Zur Bewertung der erfinderischen Tätigkeit ist jedoch eine objektive technische Aufgabe zu bestimmen, die sich der fiktive patentrechtliche Fachmann anhand des vorgefundenen Stands der Technik stellt.[45] Die objektive technische Aufgabe ist der Ausgangspunkt zur Beurteilung des Naheliegens oder Nicht-Naheliegens einer Erfindung.[46] Wird ein neuer Stand der Technik ermittelt, kann es erforderlich sein, die objektive technische Aufgabe neu zu formulieren.[47]

Die Aufgabe muss einen technischen Charakter aufweisen.[48] Außerdem muss die Aufgabe auf Wirkungen abzielen, die unmittelbar und kausal mit den Merkmalen der zu prüfenden Erfindung zusammenhängen.[49] Die Aufgabe ist in einer Weise zu formulieren, dass ihr keine Lösungsansätze zu entnehmen sind.[50]

---

[43] EPA Große Beschwerdekammer G2/21, Amtsblatt 2023, A85.
[44] BeckOK PatR/Einsele, 33. Ed. 15.7.2024, EPÜ Art. 56 Rn. 4a-4b.
[45] BGH GRUR 91, 522 – Feuerschutzabschluss; BGH GRUR 1987, 510 – Mittelohr-Prothese.
[46] BGH BeckRS 2016, 13031 – Pemetrexed.
[47] EPA T GRUR-Int 84, 525; T 13/84 ABl. 1986, 253; EPA T 162/85 ABl. 1988, 452; EPA TK GRUR-Int 1994, 516.
[48] EPA G 1/19.
[49] EPA G 2/21.
[50] EPA T 229/85; EPA T 1252/14.

Es ist zulässig, die technische Aufgabe neu zu formulieren.[51] Allerdings muss die neue Aufgabe zumindest aus den vorliegenden Anmeldeunterlagen ableitbar sein.[52]

Die technische Aufgabe ist neutral zu formulieren, sodass sich nicht bereits aus der Aufgabenstellung ein Hinweis auf die Lösung ergibt. Insbesondere darf sich durch die Formulierung der Aufgabe nicht bereits ein Naheliegen der Erfindung darstellen.[53]

Im Verfahren vor dem deutschen Patentamt bedeutet ein später aufgetauchter Stand der Technik keine zwingende Notwendigkeit, die technische Aufgabe zu ändern.[54]

5.10 Verbot rückschauender Betrachtung

Eine rückschauende Betrachtungsweise ist nicht zulässig. Stattdessen ist die Bewertung der erfinderischen Tätigkeit aus der Perspektive des Fachmanns am Anmelde- bzw. Prioritätstag vorzunehmen. Zu beachten ist, dass dem Fachmann das Fachwissen und der Stand der Technik am Tag vor dem Anmelde- oder Prioritätstag zur Verfügung gestanden hat, also zu einem Zeitpunkt, an dem die Patentanmeldung noch nicht eingereicht wurde. Fachwissen oder Fachkönnen, das der Fachmann am oder nach dem Anmelde- bzw. Prioritätstag erworben hat, kann nicht zur Beurteilung herangezogen werden.[55]

Es ist fraglich, ob besondere Effekte, Vorteile oder Wirkungen, die sich aus einer technischen Lehre ergeben, bei der Beurteilung der erfinderischen Tätigkeit berücksichtigt werden dürfen, falls im Stand der Technik diese besonderen Effekte, Vorteile und Wirkungen nicht offenbart sind. Zielt die Erfindung jedoch gerade auf diese besonderen Effekte ab, dürfen sie nicht zur Beurteilung als Stand der Technik hinzugezogen werden. Ansonsten gilt, dass der Stand der Technik in der Weise, wie er dem Fachmann entgegentritt, von diesem genutzt wird, um zur Erfindung zu gelangen.[56]

Es ist zulässig, Veröffentlichungen, die erst nach dem Anmelde- bzw. Prioritätstag zugänglich waren, dazu zu nutzen, den Aussagegehalt von Dokumenten, die vor dem Anmelde- bzw. Prioritätstag veröffentlicht wurden, zu verstehen.[57]

---

[51] EPA T 1397/08.
[52] EPA T 13/84; EPA T 877/06; EPA G 2/21.
[53] BGH GRUR 2024, 1432 – Mirabegron.
[54] BGH GRUR 1991, 811 – Falzmaschine.
[55] BGH GRUR 1980, 100, 103 – Bodenkehrmaschine; BGH GRUR 1981, 338 – Magnetfeldkompensation; BGH GRUR 1989, 899, 902 – Sauerteig; BGH GRUR 2001, 232, 234 – Brieflocher; BGH Mitteilungen der deutschen Patentanwälte, 2003, 116, 120 – Rührwerk; BGH GRUR 2019, 925 Rn. 18 – Bitratenreduktion II.
[56] Benkard PatG/Asendorf/Schmidt/Tochtermann, 12. Aufl. 2023, PatG § 4 Rn. 32; BGH GRUR 1962, 83, 85 – Einlegesohle; BGH GRUR 1971, 403, 406 – Hubwagen; BGH BeckRS 2018, 40825 Rn. 46; BGH GRUR-RS 2021, 4292 Rn. 135.
[57] BGH GRUR 1964, 612, 616 – Bierabfüllung.

5.11 Naheliegen

Nach § 4 Satz 1 Patentgesetz bzw. Artikel 56 Satz 1 EPÜ beruht eine Erfindung nur auf erfinderischer Tätigkeit, falls die Erfindung für einen Fachmann nicht naheliegend aus dem Stand der Technik folgt. Die „normale" Fortentwicklung der Technologie ist daher vom Patentschutz ausgeschlossen.

Ergibt sich für einen Fachmann eine technische Lehre folgerichtig aus dem Stand der Technik, ist das Kriterium des Naheliegens erfüllt und eine Patenterteilung ausgeschlossen. Allerdings muss der Fachmann auch eine Veranlassung gehabt haben, eine Lösung des technischen Problems in der Richtung zu suchen, die zur fraglichen technischen Lehre führt.[58]

Ist eine Erfindung naheliegend, basiert sie nicht auf einer erfinderischen Tätigkeit.[59] Ist eine technische Lehre durch routinemäßiges Fachkönnen auf Basis des Fachwissens eines Fachmanns erreichbar, ist die technische Lehre für den Fachmann naheliegend. Ist eine Erfindung eine zwingende oder zumindest logische Konsequenz aus dem bekannten Stand der Technik, kann durch die Erfindung kein technischer Fortschritt stattgefunden haben und die technische Lehre der Erfindung ist naheliegend. Allerdings ist nicht nur naheliegend, was bereits ins Auge springt. Der Zwischenbereich zwischen dem Stand der Technik und dem Bereich der erfinderischen Tätigkeit umfasst alles, was dem Wissen und Können des Durchschnittsfachmanns zugänglich ist, ohne schöpferisch tätig zu sein.[60]

Naheliegen bedeutet, dass die Erfindung für den Fachmann auf der Hand lag bzw. dass es für den Fachmann hinreichende Anstöße, Anregungen oder Hinweise gab, um einen entsprechenden technischen Weg zu gehen, der zur Erfindung führte.[61]

Ein ausreichender Anlass für einen Fachmann einen bestimmten Lösungsweg zu beschreiben, kann sich bereits aus Gesetzen bzw. rechtlichen Bestimmungen ergeben.[62]

Eine bloße Vermeidung von Nachteilen, die Optimierung von Parametern und eine Digitalisierung bzw. Automatisierung führen nicht bereits selbst zu einer erfinderischen Tätigkeit, sondern stellen einen allgemeinen Trend der Technik dar.[63]

Ein Tausch von Verfahrensschritten zur Herstellung eines Produkts ist naheliegend, falls der Fachmann durch übliche Überlegungen zur technischen Lösung gelangt.[64] Eine Erfindung muss daher über dem normalen technischen Fortschritt liegen, um erfinderische Tätigkeit aufzuweisen. Ausreichende Erfindungshöhe kann nur dann vorliegen, wenn die normale technische Entwicklung übersprungen wird.[65] Das bedeutet, dass nur

---

[58] BeckOK PatR/Einsele, 33. Ed. 15.7.2024, EPÜ Artikel 56 Rn. 8.
[59] § 4 Satz 1 Patentgesetz.
[60] Benkard EPÜ/Söldenwagner, 4. Aufl. 2023, EPÜ Artikel 56 Rn. 71.
[61] BGH GRUR 2009, 746 Rn. 20 – Betrieb einer Sicherheitseinrichtung.
[62] BGH Urteil vom 10. Dezember 2013, X ZR 4/11, GRUR 2014, 349 – Anthocyanverbindung.
[63] EPA 24.6.1992 – T775/90; EPA 16.3.2005 – T1175/02; EPA T 85/83 ABl. EPA 1998, 183.
[64] EPA 4.5.1981 – T1/81, ABl. EPA 1981, 439.
[65] Benkard EPÜ/Söldenwagner, 4. Aufl. 2023, EPÜ Artikel 56 Rn. 71.

5.11 Naheliegen

dann ein Patent gewährbar ist, wenn durch die Lehre der Erfindung die Entwicklung der Technologie über das sonst übliche Maß beschleunigt wird.

Eine patentwürdige Bereicherung der Technologie kann darin bestehen, dass eine bislang unbekannte Aufgabe gelöst wird, eine bislang ungelöste Aufgabe gelöst wird, eine bereits gelöste Aufgabe in verbesserter Form gelöst wird oder eine alternative Lösung für eine bereits gelöste Aufgabe zur Verfügung gestellt wird.[66]

Gehört eine technische Lehre dem allgemeinen Fachwissen des Fachmanns an, folgt daraus nicht automatisch, dass es naheliegend ist, dass der Fachmann diese technische Lehre auch anwendet.[67] Allerdings ergibt sich eine Veranlassung des Fachmanns sein allgemeines Fachwissen zur Lösung eines Problems heranzuziehen, falls die Anwendung des allgemeinen Fachwissens objektiv zweckmäßig und nicht mit erheblichen Schwierigkeiten verbunden ist.[68]

Zur Bewertung des Naheliegens kann es erforderlich sein, eine Vielzahl an Aspekten zu berücksichtigen. Die Bewertung des Naheliegens kann daher ein komplexer Vorgang sein, der unter Zuhilfenahme von Hilfserwägungen vorzunehmen ist.

Ein Naheliegen ist insbesondere gegeben, falls der Fachmann einen Anlass zur Kombination der betreffenden Dokumente hatte. Der Fachmann kann insbesondere wegen einer zu erwartenden Verbesserung oder eines Vorteils, also eines zu erwartenden Erfolgs, eine ausreichende Veranlassung zur Kombination bestimmter Dokumente haben. Bei der Erfolgserwartung ist zu berücksichtigen, dass bei einem bislang wenig erforschten technischen Gebiet die Vorhersage über einen technischen Erfolg erheblich schwieriger ist im Vergleich zu einem bereits gut erforschten Gebiet. Von einer Erfolgserwartung kann ausgegangen werden, falls der Fachmann auf der Grundlage des Fachwissens vor Beginn der Schaffung der Erfindung von einem entsprechenden Erfolg in angemessener Zeit ausgehen konnte.[69] Eine Erfindung, die auf einem unbekannten technischen Gebiet angesiedelt ist, ist daher tendenziell eher erfinderisch im Sinne des Patentrechts.

Für das Einheitliche Patentgericht liegt Naheliegen einer Erfindung vor, falls ausgehend von einem realistischen nächstliegenden Stand der Technik der Fachmann einen Anlass hatte, ein zweites Dokument zu betrachten und dabei zur zu prüfenden Erfindung gelangt. Ein realistischer nächstliegender Stand der Technik beschäftigt sich insbesondere mit demselben Problem bzw. demselben Zweck. Es können mehrere Dokumente als realistischer nächstliegender Stand der Technik angesehen werden, sodass das Prüfungsschema mehrmals durchlaufen werden muss.

---

[66] Benkard EPÜ/Söldenwagner, 4. Aufl. 2023, EPÜ Artikel 56 Rn. 72.
[67] BGH GRUR 2009, 743 Rn. 37 – Airbag-Auslösesteuerung; BGH GRUR 2018, 716 Rn. 28 – Kinderbett; BGH GRUR 2023, 39 Rn. 88 – Leuchtdiode.
[68] BGH Urteil vom 11. März 2014 – X ZR 139/10, GRUR 2014, 647 – Farbversorgungssystem; BGH GRUR 2018, 716 – Kinderbett; BGH GRUR 2021, 1277 – Führungsschienenanordnung; BGH Urteil vom 3. September 2024 – X ZR 106/22 – Scheibenbremse III.
[69] Benkard EPÜ/Söldenwagner, 4. Aufl. 2023, EPÜ Artikel 56 Rn. 78.

5.12 Could-Would-Test

Das europäische Patentamt prüft das Naheliegen anhand des Could-Would-Tests.[70] Nach dem Could-would-Test ist eine Erfindung nicht bereits naheliegend wenn eine Kombination von Dokumenten des Stands der Technik die Erfindung offenbart. Vielmehr muss der Fachmann zusätzlich einen Anlass gehabt haben, die betreffenden Dokumente zu kombinieren. Der Fachmann hat insbesondere Anlass Dokumente zu kombinieren, falls er den Dokumenten selbst Hinweise entnehmen kann, dass eine Kombination möglich und sinnvoll ist.[71]

Der patentrechtliche Fachmann ist daher insbesondere beim Could-Would-Test erforderlich. Dieser Test ermöglicht es, bei der Prüfung auf erfinderische Tätigkeit nur solche Dokumente in Betracht zu ziehen, die ein Fachmann als kombinierbar ansehen würde.[72]

Beim Could-Would-Test wird davon ausgegangen, dass ein Fachmann nichts ohne Anlass unternimmt. Ohne einen konkreten Anlass wird der Fachmann keine Dokumente kombinieren.[73]

Die Could-Would-Bedingung ist erfüllt, und damit sind die betreffenden Dokumente kombinierbar, falls der Fachmann ein Dokument hinzuziehen würde, um die technische Lehre des nächstliegenden Stands der Technik zu erweitern. Der Fachmann muss daher einen Hinweis, einen Anlass oder eine Anregung haben, um verschiedene Dokumente des Stands der Technik zu kombinieren.[74]

---

[70] BeckOK PatR/Einsele, 33. Ed. 15.7.2024, EPÜ Artikel 56 Rn. 3.

[71] EPA T1/80 ABl. 1981, 206; EPA T20/81 ABl. 1982, 217; EPA T 24/81 ABl. 1983, 133; EPA T 2/83 ABl. 1984, 265; EPA T248/85 ABl. 1986, 261; EPA T 254/86 ABl. 1989, 115; EPA T 7/86 ABl. 1988, 381; EPA T 939/92 ABl. 1996, 309; EPA T 61/90 ABl. 1994 Sonderausgabe 39; EPA T 203/93 ABl. 1995, Sonderausgabe 43; EPA T 597/92 ABl. 1996, 135; EPA T 167/93 ABl. 1997, 229; EPA T 939/92 ABl. 1996, 309; EPA T 967/97 ABl. Sonderausgabe 3, 2003, 21; BGH BeckRS 2010, 03881; BGH GRUR 2006, 930 – Mikrotom.

[72] Benkard PatG/Asendorf/Schmidt/Tochtermann, 12. Aufl. 2023, PatG § 4 Rn. 86.

[73] EPA 15.3.1984 – T 2/83, ABl. EPA 1984, 265; EPA 2.4.1985 – T90/84, EPOR 79–85 C952; EPA 15.10.1985 – T223/84, EPOR 1986, 66; EPA 16.1.1986 – T124/84, EPOR 1986, 297; EPA 17.12.1986 – T265/84, EPOR 1987, 193; EPA 1.2.1988 – T392/86, BeckRS 1988 30576874; EPA 11.3.1988 – T219/87, BeckRS 1988 30543376; EPA 28.4.1988 – T 274/87, EPOR 1989, 207; EPA 16.9.1987 – T7/86, ABl. EPA 1988, 381; EPA 19.12.1991 – T 513/90, ABl. EPA 1994, 154; EPA 10.2.1993 – T 564/89, ABl. EPA 1993, 39; EPA 22.6.1993 – T 61/90, ABl. EPA 1993, 39; EPA 1.9.1994 – T 203/93, ABl. EPA 1994, 42 f.; EPA 1.3.1995 – T 597/92, ABl. EPA 1996, 135; EPA 3.5.1996 – T 167/93, ABl. EPA 1997, 229; EPA 22.6.1982 – T 22/82, ABl. EPA 1982, 341; BGH 30.4.2009 – Xa ZR 92/05, GRUR 2009, 746 Rn. 18 ff. – Betrieb einer Sicherheitseinrichtung; BGH 8.12.2009 – X ZR 65/05 GRUR 2010, 407Rn. 16 ff. – Einteilige Öse; BGH 20.12.2011 – X ZB 6/19, GRUR 2012, 378 Rn. 15 ff. – Installierungseinrichtung II; BGH 15.5.2012 – X ZR 98/09, GRUR 2012, 803 Rn. 46 – Calcipotriol-Monohydrat; BGH 25.9.2012 – X ZR 10/10 GRUR 2013, 160 Rn. 30 f. – Kniehebelklemmvorrichtung; BGH 11.3.2014 – X ZR 139/10, GRUR 2014, 647 Rn. 26 f. – Farbversorgungssystem.

[74] BGH GRUR 2010, 407 einteilige Öse; BPatG 2.2.2016 4 Ni 29/14 (EP); BPatG 28.11.2017 6 Ni 32/16 /EP); Fitzner/Lutz/Bodewig Rn 38.

Der Could-Would-Test soll insbesondere eine Ex-Post-Facto-Analyse ausschließen.[75] Nach dem Could-Would-Test ist eine Erfindung nicht bereits deswegen nicht erfinderisch, da der Fachmann aufgrund des Stands der Technik zu ihr hätte gelangen können, sondern nur dann, wenn er hierzu hinreichenden Anlass gehabt hatte. Eine rückschauende Betrachtung, bei der vieles nicht erfinderisch erscheint, soll dadurch verhindert werden.[76]

Der Fachmann unternimmt nichts aus reiner Neugier.[77] Ein Fachmann zeichnet sich durch ein zielgerichtetes Vorgehen aus. Der Fachmann richtet sich daher nach dem technischen Ergebnis, das er von einer technischen Lehre erwartet.

5.13 Prüfungsschema des deutschen Patentamts

Das deutsche und das europäische Patentamt haben unterschiedliche Prüfungsschemata entwickelt, um die erfinderische Tätigkeit zu beurteilen. Die Prüfer in den Patentämtern sind angehalten, das jeweilige Prüfungsschema anzuwenden, um Prognosesicherheit zu gewährleisten. Insbesondere soll damit Rechtssicherheit und eine Ex-Post-Betrachtung ausgeschlossen werden.

Das deutsche Prüfungsschema wurde vom Bundesgerichtshof erarbeitet und umfasst folgende Schritte:

Schritt 1. Bestimmen des technischen Gebiets
Schritt 2. Ermitteln des Stands der Technik
Schritt 3. Feststellen der Nachteile des Stands der Technik
Schritt 4. Aus den Nachteilen ergibt sich die objektive Aufgabe.
Schritt 5. Ermitteln eines ersten Dokuments als Ausgangspunkt.
Schritt 6. Ermitteln eines oder mehrerer weiterer Dokumente mit denen die Erfindung erhalten werden kann.
Schritt 7. Gab es einen Anlass für den Fachmann diese Dokumente zu kombinieren? Was spricht dafür und was spricht dagegen?

---

[75] EPA T 47/91; Singer/Stauder/Luginbühl Art 56 EPÜ Rn. 56; zu deren Unzulässigkeit BGH GRUR 2001, 232 Brieflocher.
[76] EPA T 2/83 ABl EPA 1984, 265 = GRUR Int 1984, 527 Simethicon-Tablette; EPA T 90/84; EPA T 124/84 EPOR 1986, 297; EPA T 223/84 EPOR 1986, 67; EPA T 256/84; EPA T 265/84 EPOR 1987, 193; EPA T 7/86 ABl EPA 1988, 381 = GRUR Int 1989, 226 Xanthine; EPA T 392/86; EPA T 219/87; EPA T 274/87 EPOR 1989, 207; EPA T 564/89; EPA T 274/87 EPOR 1989, 207; EPA T 61/90; EPA T 513/90 ABl EPA 1994, 154 = GRUR Int 1994, 618 f. geschäumte Körper; EPA T 597/92 ABl EPA 1996, 135 = GRUR Int 1996, 814 Umlagerungsreaktion; EPA T 167/93 ABl EPA 1997, 229 = GRUR Int 1997, 742 Bleichmittel; EPA T 203/93; EPA T 406/98; BPatG 16.7.1997 20 W (pat) 64/95; Schulte Rn 58 ff.; Szabo Mitt 1994, 225, 233 f.; Knesch VPP-Rdbr 1994, 70, 72.
[77] EPA T 0939/92 ABl. 96, 309.

Bei diesem Prüfschema wird die zu prüfende Erfindung nicht genutzt, um die Schritte abzuarbeiten. Das deutsche Prüfungsschema versucht eigenständig zur Erfindung zu gelangen. Eine Ex-Post-Betrachtung, bei der rückschauend alles naheliegend ist, ist ausgeschlossen. Beim deutschen Prüfungsschema ist bei jedem Schritt zu argumentieren, welchen Anlass der Fachmann hat. Insbesondere ist zu begründen, welches Dokument der Fachmann in Schritt 5 als Ausgangspunkt verwenden würde und mit welchen Dokumenten er dieses in Schritt 6 kombinieren würde.

5.14 Aufgabe-Lösungs-Ansatz des europäischen Patentamts

Das Prüfungsschema des Europäischen Patentamts heißt Aufgabe-Lösungs-Ansatz. Der Aufgabe-Lösungs-Ansatz (problem–solution-approach) dient dazu, eine Ex-Post-Betrachtung, bei der im Nachhinein alles sehr einfach erscheint, zu verhindern.[78]

Der Aufgabe-Lösungs-Ansatz des Europäischen Patentamts umfasst folgende Schritte:

Schritt 1: Ermitteln des nächstliegenden Stands der Technik
Schritt 2: Bestimmen der Unterscheidungsmerkmale gegenüber dem nächstliegenden Stand der Technik.
Schritt 3: Ermitteln der zu erzielenden technischen Wirkungen, Bestimmen der zu lösenden „objektiven technischen Aufgabe", um zur Erfindung zu gelangen.
Schritt 4: Kombination mit zusätzlichem Stand der Technik, falls die Could-Would-Bedingung erfüllt ist.

Zu Schritt 1 Der nächstliegende Stand der Technik ist definiert als der erfolgversprechendste Ausgangspunkt zum Erreichen der zu prüfenden Erfindung. Der nächstliegende Stand der Technik soll dabei auf demselben technischen Gebiet liegen, einen ähnlichen Zweck haben oder eine ähnliche Wirkung erzeugen und die wenigsten strukturellen und funktionellen Änderungen erfordern bzw. möglichst viele Merkmale mit der Erfindung gemein haben, um zur technischen Lehre der Erfindung zu gelangen. Der nächstliegende Stand der Technik lässt sich daher nur im Lichte der zu prüfenden Erfindung bestimmen, was einer Ex-Post-Perspektive entspricht.

Dass bei der Wahl des nächstliegenden Stands der Technik tatsächlich eine Ex-Post-Anwendung vorliegt, kann bereits daran erkannt werden, dass, falls bei einem angenommenen Stand der Technik eine Erfindung naheliegend erscheint, die Wahl des nächstliegenden Stands der Technik nicht angezweifelt werden kann, da er erfolgreich

---

[78] EPA T 24781; T 939/92; Szabo, Mitt. 1994, 226; Knesch, Mitteilungen der deutschen Patentanwälte 2000, 313; Schickedanz GRUR, 2001, 460 ff.; Stellmach, Mitteilungen der deutschen Patentanwälte 2007, 542 ff.

5.14 Aufgabe-Lösungs-Ansatz des europäischen Patentamts

zur Verneinung der erfinderischen Tätigkeit geführt hat.[79] Das Europäische Patentamt sieht darin keine Ex-Post-Problematik. Das Europäische Patentamt hält im Gegenteil das Benutzen des Stands der Technik, der der Erfindung am nächsten kommt, für eine objektive Vorgehensweise.[80]

Das Europäische Patentamt begründet die Bestimmung des nächstliegenden Stands der Technik vor dem Hintergrund der Erfindung damit, dass hierdurch eine Willkür bei der Auswahl des Ausgangspunkts der Bewertung der erfinderischen Tätigkeit ausgeschlossen ist.[81] Es ist dabei keine Argumentation erforderlich, warum ein Dokument als nächstliegend angenommen wird, da es objektiv die meisten Gemeinsamkeiten mit der technischen Lehre der Erfindung aufweist.

Zu Schritt 3 Die objektive technische Aufgabe wird dadurch bestimmt, dass die Merkmale bestimmt werden, durch die sich der nächstliegende Stand der Technik von der Erfindung unterscheidet. Die Wirkung der Unterscheidungsmerkmale wird festgestellt und die objektive technische Aufgabe wird definiert als das Erzeugen der Wirkung, die sich aus den Unterscheidungsmerkmalen ergibt. Auch im dritten Schritt wird daher die zu prüfende Erfindung genutzt, um einen Schritt des Prüfungsschemas abzuarbeiten. Es ergibt sich wieder eine Ex-Post-Problematik, die eigentlich gerade vermieden werden soll.

Zusammenfassung
Beim Aufgabe-Lösungs-Ansatz des Europäischen Patentamts wird grundsätzlich vom nächstliegenden Stand der Technik ausgegangen.[82] Bei der Wahl des nächstliegenden Stands der Technik spielt der Fachmann und ob er einen Anlass hatte, gerade diesen Stand der Technik als nächstliegend anzusehen, keine Rolle. Das Europäische Patentamt bemüht sich nicht, einen Anlass zu finden, warum gerade dieses Dokument vom Fachmann als Ausgangspunkt gewählt wird.

Der Fachmann am Anmelde- oder Prioritätstag ist nicht die entscheidende Größe bei der Auswahl des nächstliegenden Stands der Technik, sondern ob mit dem gewählten nächstliegenden Stand der Technik erfolgreich das Naheliegen der zu prüfenden Erfindung gezeigt

---

[79] EPA T 174/12; EPA T 824/05.
[80] EPA 6.4.1981 – T1/80, ABl. EPA 1981, 206; EPA 28.2.1984 – T 181/82, ABl. EPA 1984, 401; EPA 21.1.1986 – T 248/85, ABl. EPA 1986, 261; EPA 17.7.1986 – T 164/83, ABl. EPA 1987, 149; EPA 5.11.1987 – T 254/86, ABl. EPA 1989, 115, 123; EPA 18.9.1990 – T 606/89, ABl. EPA 1991, 24; EPA 24.9.1991 – T 641/89, ABl. EPA 1992, 25; EPA 25.11.1998 – T284/94, ABl. EPA 1999, 464.
[81] EPA 6.4.1981 – T 1/80, ABl. EPA 1981, 206; EPA 28.2.1984 – T 181/82, ABl. EPA 1984, 401; EPA 21.1.1986 – T 248/85, ABl. EPA 1986, 261; EPA 17.7.1986. T 164/83, ABl. EPA 1987, 149, 154 f.; EPA 5.11.1987 – T 254/86, ABl. EPa 1989, 115, 123; EPA 18.9.1990 – T 606/89, ABl. EPA 1991, 24; EPA 24.9.1991 – T 641/89, ABl. Epa 1992, 25; EPA 25.11.1998 – T 284/94, ABl. EPA 1999, 464.
[82] EPA T BeckRS 2006, 30587752.

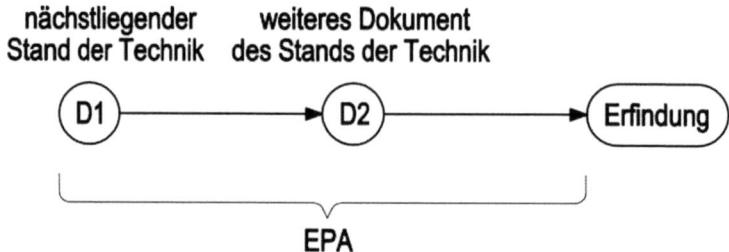

Abb. 5.1 Prüfungsschema des EPA

werden kann. Im Prüfungsverfahren vor dem EPA hat der Anmelder daher nicht die Möglichkeit, durch eine geschickte Definition des Fachmanns eine erfinderische Tätigkeit seiner Patentanmeldung nachzuweisen.

Es ist nicht zwingend, den Aufgabe-Lösungs-Ansatz anzuwenden. Insbesondere gibt es keine Rechtsgrundlage, die die Anwendung des Aufgabe-Lösungs-Ansatzes zur Beurteilung der erfinderischen Tätigkeit vorschreibt. Allerdings sollte das Nicht-Anwenden begründet werden, da es sich tatsächlich um die weit überwiegend angewandte Standardmethode im Prüfungsverfahren vor dem Europäischen Patentamt handelt.

5.15 Unterschiede DPMA und EPA

Die Prüfungsschemata des DPMA und des EPA ähneln sich. Allerdings kann bei einem Prüfungsverfahren vor dem DPMA eher mit dem Fachmann argumentiert werden und dass der Fachmann ein bestimmtes Dokument nicht als nächstliegend verwendet hätte. In der Abb. 5.1 wird das Prüfungsschema des EPA dargestellt, bei dem vom nächstliegenden Stand der Technik ausgegangen wird, um zur Erfindung zu gelangen. Der nächstliegende Stand der Technik wird unabhängig von einem Fachmann als dasjenige Dokument definiert, das die meisten Gemeinsamkeiten mit der Erfindung aufweist.

Die Abb. 5.2 zeigt das Prüfungsschema des deutschen Patentamts, bei dem gefordert wird, dass aus Sicht des Fachmanns (und nicht im Vergleich zur zu prüfenden Erfindung) der nächstliegende Stand der Technik bestimmt wird.

Im Wesentlichen ist der Unterschied zwischen dem deutschen und dem europäischen Prüfungsschema darin zu sehen, dass im deutschen Verfahren zu begründen ist, warum der Fachmann ein Dokument als nächstliegenden Stand der Technik betrachtet. Es bedarf einer Rechtfertigung, dass ein Dokument als nächstliegender Stand der Technik angenommen wird.[83] Im Gegensatz dazu wird im europäischen Verfahren dasjenige Dokument als

---

[83] BGH GRUR 2009, 382 – Olanzapin; BGH GRUR 2009, 1039 – Fischbissanzeiger; BGH GRUR 2017, 498 – Gestricktes Schuhoberteil.

5.15 Unterschiede DPMA und EPA

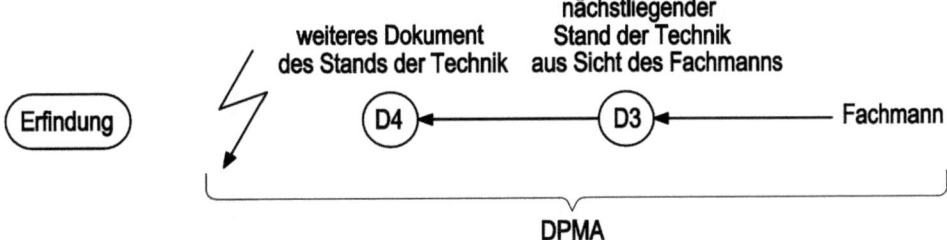

Abb. 5.2 Prüfungsschema des DPMA

nächstliegenden Stand der Technik bestimmt, das der Erfindung am nächsten kommt.[84] Kann keine Begründung gefunden werden, dass ein Dokument vom Fachmann als nächstliegenden Stand der Technik verwendet wird, ist dieses Dokument im deutschen Verfahren nicht als Ausgangspunkt einer Bewertung der erfinderischen Tätigkeit zu verwenden. Hier ergibt sich eine Möglichkeit, eine erfinderische Tätigkeit durch Argumentation zu begründen. Diese Möglichkeit besteht im europäischen Verfahren nicht.

Der Vorteil des europäischen Verfahrens ist darin zu sehen, dass durch die Anwendung des strikten Aufgabe-Lösungs-Ansatzes die Ergebnisse des Europäischen Patentamts berechenbar sind. Im Gegensatz dazu fordert der Bundesgerichtshof als höchste Autorität für die Prüfungsverfahren vor dem deutschen Patentamt, dass jedes Prüfungsverfahren als Einzelfall betrachtet wird. Die zu erwartenden Ergebnisse bei den Patenterteilungsverfahren des DPMA und die streitigen Verfahren vor dem BPatG und dem BGH sind daher nur mit großer Unsicherheit vorherzusagen.

---

[84] EPA T BeckRS 2006, 30587752; BeckOK PatR/Einsele, 33. Ed. 15.7.2024, EPÜ Art. 56 Rn. 5.

Indizien für erfinderische Tätigkeit 6

Inhaltsverzeichnis

6.1	Abänderung von bereits Bekanntem	55
6.2	Abkehr von bislang Gebräuchlichem	55
6.3	Abmessungen	55
6.4	Abstraktion	55
6.5	Abzusehende Schwierigkeiten	56
6.6	Allgemeines Fachwissen	56
6.7	Analoge Anwendung	56
6.8	Anderes technisches Gebiet	56
6.9	Anzahl der erforderlichen Entgegenhaltungen	56
6.10	Aufgabenerfindung	57
6.11	Aufgreifen der Erfindung durch die Fachwelt	57
6.12	Auswahlerfindung	57
6.13	Automatisierung/Computerisierung/Digitalisierung	57
6.14	Bekannter Bonus-Effekt	58
6.15	Dringendes Bedürfnis	58
6.16	Einfachheit der Erfindung	58
6.17	Erfolgserwartung	59
6.18	Gattungsfremder Stand der Technik	59
6.19	Glücklicher Griff/Zufall	59
6.20	Handwerkliches Können/konstruktive Maßnahmen	60
6.21	Hohe Entwicklungstätigkeit	60
6.22	Junges technisches Gebiet	61
6.23	Kaufmännische Leistung	61
6.24	Kein Stand der Technik	61
6.25	Kinematische Umkehr	61
6.26	Kombinationserfindung	61
6.27	Kostengünstige Herstellung	62
6.28	Kumulieren von Merkmalen	62
6.29	Langer Zeitraum	62

© Der/die Autor(en), exklusiv lizenziert an Springer-Verlag GmbH, DE, ein Teil von Springer Nature 2025
T. H. Meitinger, *Begründung der erfinderischen Tätigkeit*,
https://doi.org/10.1007/978-3-662-71422-5_6

6.30	Lizenzvergabe	63
6.31	Lob der Fachwelt	63
6.32	Massenartikel	63
6.33	Materialwahl	63
6.34	Mehrere Schritte	64
6.35	Mehrfacherfindungen	64
6.36	Mitbenutzungsrechte	64
6.37	Nachahmung	64
6.38	Nachfolgende Erfindungen	65
6.39	Nachteile des Stands der Technik	65
6.40	Neuer Weg	65
6.41	Nützlichkeit	65
6.42	Obvious-to-try	66
6.43	Optimierung	66
6.44	Parallelanmeldungen	66
6.45	Planmäßige und systematische Arbeiten	66
6.46	Praktische Bewährung	67
6.47	Routine	67
6.48	Rüstzeug des Fachmanns	67
6.49	Stoffaustausch	67
6.50	Technischer Fortschritt	67
6.51	Technisches Vorurteil	68
6.52	Trial and error/Versuche	69
6.53	Übertragungserfindung	69
6.54	Verwendung	69
6.55	Vorteile	69
6.56	Willkürliche Auswahl aus einer Vielzahl von Varianten	70
6.57	Wirtschaftlicher Erfolg	70
6.58	Zeit als Kriterium	70
6.59	Zwangsläufige Entwicklung	71
6.60	Zweckmäßige Maßnahmen	71

Indizien, Hilfskriterien, Hilfserwägungen bzw. Beweisanzeichen können genutzt werden, um das Naheliegen oder Nicht-Naheliegen von Erfindungen zu begründen. Allerdings können Beweisanzeichen nicht das wertende Urteil eines Prüfers im Patentamt oder eines befassten Richters ersetzen. Vielmehr stellen sie Entscheidungshilfen dar.[1]

Die Beurteilung, ob eine Erfindung erfinderisch ist, stellt eine wertende Entscheidung dar. Es sind dabei sämtliche Umstände des Einzelfalls zu berücksichtigen. Beweisanzeichen sind bei der Entscheidung wichtig und müssen in Betracht gezogen werden.[2]

---

[1] BeckOK PatR/Einsele, 33. Ed. 15.7.2024, EPÜ Artikel 56 Rn. 9; BGH GRUR 79, 619 – Tabelliermappe; BGH GRUR 62, 350 – Dreispiegel-Rückstrahler; BGH GRUR 100,44 – Dreinahtschlauchfolienbeutel; EPA T 0270/84; EPA T 1072/92; EPA T 0351/93.
[2] BGH GRUR 91, 129, Elastische Bandage.

Liegen geeignete Beweisanzeichen vor, sollten diese geltend gemacht werden. Diese Indizien stellen allerdings nur Hilfserwägungen dar und können keinesfalls als Beweis einer erfinderischen Tätigkeit angesehen werden. Vielmehr können sie die Begründung einer erfinderischen Tätigkeit unterstützen bzw. im gegenteiligen Fall helfen, ein Patent eines gegnerischen Dritten zu Fall zu bringen. Auf die Anwendung des Aufgabe-Lösungs-Ansatzes oder eines anderen Prüfungsschemas zur Beurteilung der erfinderischen Tätigkeit kann in aller Regel trotz dem Vorliegen von Beweisanzeichen nicht verzichtet werden.

6.1 Abänderung von bereits Bekanntem

Wird etwas bereits Bekanntes durch handwerkliche Tätigkeiten für eine besondere technische Situation angepasst, ist in aller Regel nicht von einer erfinderischen Tätigkeit auszugehen.

6.2 Abkehr von bislang Gebräuchlichem

Wird mit der Erfindung ein bislang nicht beschrittener technischer Weg eingeschlagen, obwohl es bereits einen allgemein anerkannten Weg gegeben hat, ist dies ein starker Hinweis für Nicht-Naheliegen.[3]

6.3 Abmessungen

Die Maße einer Vorrichtung können in aller Regel keine erfinderische Tätigkeit begründen.[4] Werden jedoch durch das Ändern der Maße neue technologische Bereiche betreten oder ergeben sich unerwartete Vorteile, kann eine ausreichende erfinderische Leistung vorliegen.[5]

6.4 Abstraktion

Besteht die Erfindung darin, ausgehend von einer konkreten Ausführungsform eine abstrahierende Gestalt zu entwickeln, so ist die abstrahierende Ausführungsform nahe gelegt bzw. nicht neu, falls die besondere Ausführungsform im Schutzumfang liegt („Das Spezielle trifft das Allgemeine"). Im anderen Fall muss nicht Naheliegen gegeben sein.

---

[3] BGH GRUR 99, 145 – Stoßwellen-Lithotripter; BGH GRUR 09, 746 – Betrieb einer Sicherheitseinrichtung; EPA T 0221/85 ABl. 87, 237.
[4] BGH GRUR 10, 814, Fugenblätter; BPatG Mitt. 84, 75.
[5] Huebner GRUR 2007, 839.

6.5 Abzusehende Schwierigkeiten

Konnte der Fachmann bei einem Lösungsweg Schwierigkeiten erwarten, spricht das für die erfinderische Tätigkeit der Erfindung, die sich dadurch ergab.

6.6 Allgemeines Fachwissen

Kann ein Stand der Technik als allgemeines Fachwissen bestimmt werden, so kann von Naheliegen ausgegangen werden. Allerdings ist ein Nachweis zu führen, dass es sich tatsächlich um allgemeines Fachwissen des Fachmanns handelt. Ein Nachweis ist gelungen, falls das allgemeine Fachwissen insbesondere einem Lehrbuch zu entnehmen ist.

Ergibt sich eine Erfindung allein bereits aus dem allgemeinen Fachwissen des Fachmanns ist die Erfindung naheliegend.

6.7 Analoge Anwendung

Eine analoge Anwendung von bekannten technischen Lehren ist nicht erfinderisch. Können jedoch mit der analogen Anwendung überraschende und vorteilhafte Ergebnisse erzielt werden, liegt erfinderische Tätigkeit vor. Das Beweisanzeichen ist umso gewichtiger, je länger die Fachwelt die Vorteilhaftigkeit der analogen Anwendung nicht erkannt hat.[6]

6.8 Anderes technisches Gebiet

Wurde die erfinderische Idee durch die Übertragung einer technischen Lehre aus einem anderen technischen Gebiet gefunden, stellt das ein Beweisanzeichen für erfinderische Tätigkeit dar. Handelt es sich jedoch bei dem anderen technischen Gebiet um ein benachbartes technisches Gebiet, gilt dies nicht.

6.9 Anzahl der erforderlichen Entgegenhaltungen

Ist eine große Zahl an Entgegenhaltungen erforderlich, mindestens vier, um zur Erfindung zu gelangen, spricht das für die erfinderische Tätigkeit der Erfindung. Das gilt jedoch nicht, wenn hierdurch jeweils einzelne Teilaufgaben gelöst werden bzw. wenn es für den Fachmann nahelag, diese Dokumente zu kombinieren.[7]

---

[6] BGH GRUR 69, 265 Disiloxan; BGH GRUR 66, 312 Appetitzügler I.
[7] EPA T 0315/88 ABl. 90 Sonderausgabe 27.

6.10 Aufgabenerfindung

Bei einer Aufgabenerfindung ergibt sich die Erfindung als das komplementäre Element zur Aufgabenstellung. Grundsätzlich sollte die Aufgabe derart formuliert sein, dass sie keine erfinderischen Anteile enthält. In der Aufgabenstellung ist daher keine Erfindung oder Anteile davon zu sehen.[8]

6.11 Aufgreifen der Erfindung durch die Fachwelt

Werden kurz nach der Anmeldung der Erfindung zum Patent die Erfindung bereits in weiteren Anmeldungen besprochen oder fortentwickelt, spricht dies für eine erfinderische Tätigkeit.[9]

6.12 Auswahlerfindung

Hatte der Fachmann zum Zeitpunkt der Erfindung mehrere Alternativen zur Auswahl, so kann die Auswahl einer Alternative keine erfinderische Leistung im Sinne des Patentrechts darstellen. Liegt jedoch eine glückliche Wahl vor, die zu unerwarteten Vorteilen führt, spricht dies eher für eine ausreichende erfinderische Tätigkeit.

Kann durch eine überschaubare Zahl an Versuchen zur Erfindung gelangt werden, liegt keine erfinderische Tätigkeit vor. Gibt es jedoch eine unüberschaubare Anzahl an Möglichkeiten, kann die technische Lehre erfinderisch sein.[10] Die Auswahl einer beliebigen Ausführungsform, die sich nicht durch besondere Eigenschaften auszeichnet, kann keinesfalls zur erfinderischen Tätigkeit führen.[11]

6.13 Automatisierung/Computerisierung/Digitalisierung

Die Automatisierung bzw. Computerisierung bzw. Digitalisierung stellt einen allgemeinen Trend dar und kann keinesfalls als Indiz einer erfinderischen Tätigkeit dienen.[12]

---

[8] BGH GRUR 84, 194 Kreiselegge; BGH GRUR 85, 31 Acrylfasern.
[9] BGH GRUR 65, 473, 477 Dauerwellen.
[10] Mitt. 1937, 174, 175.
[11] BGH GRUR 2004, 47, 50 blasenfreie Gummibahn I.
[12] EPA T 0775/90 ABl 93, Sonderausgabe 28.

6.14 Bekannter Bonus-Effekt

Ist ein vorteilhafter Effekt bekannt und wird dieser Effekt für eine bestehende Vorrichtung genutzt, führt dies nicht zu einer erfinderischen Tätigkeit, sondern ist dem Fachkönnen des Durchschnittsfachmanns zuzurechnen.[13]

6.15 Dringendes Bedürfnis

Das Befriedigen eines dringenden Bedürfnisses stellt ein starkes Indiz für eine erfinderische Tätigkeit dar. Dies gilt insbesondere wenn das Bedürfnis bereits seit längerer Zeit bestanden hat und keine geeignete Lösung gefunden wurde.[14]

Löst die Erfindung ein lange bestehendes Bedürfnis, das die Fachwelt bislang nicht adäquat befriedigen konnte, ist dies ein starkes Anzeichen für eine erfinderische Tätigkeit.[15] Je länger der Zeitraum ist, während dessen das Bedürfnis nicht oder nicht adäquat befriedigt werden konnte, umso überzeugender ist das Beweisanzeichen.[16]

Gibt es andererseits einen erst kürzlich entstandenen Bedarf kann dies den Fachmann veranlassen, Vorrichtungen und Verfahren aus anderen Dokumenten auf ihre Anwendbarkeit zu prüfen. In diesem Fall ist eher von Naheliegen der Kombination der Dokumente des Stands der Technik auszugehen.

6.16 Einfachheit der Erfindung

Realisiert die Erfindung eine einfache technische Lösung für ein Problem, das bislang nur durch eine komplizierte Technik gelöst werden konnte, liegt ein Hinweis auf Nicht-Naheliegen vor. Der Fachmann hat grundsätzlich den Antrieb, einfach herzustellende und damit kostengünstige Lösungen zu erreichen. Die Tatsache, dass dies durch die Erfindung erzielt wurde, wobei die allgemeine Fachwelt des technischen Gebiets daran gescheitert ist, stellt ein starkes Beweisanzeichen für erfinderische Tätigkeit dar. Dies gilt insbesondere, wenn dies erst nach einem längeren Zeitraum gelungen ist.[17]

---

[13] BGH GRUR 03, 317 Kosmetisches Sonnenschutzmittel; BGH GRUR 03, 693 Hochdruckreiniger; BGH GRUR 09, 936 Heizer.

[14] BGH BlPMZ 53, 227 – Rohrschelle; BGH BlPMZ 58, 114 – Polstersessel; BGH GRUR 62, 350 – Dreispiegel-Rückstrahler; BGH GRUR 70, 289 – Dia-Rähmchen IV; BGH GRUR 79, 619 – Tabelliermappe.

[15] BGH BlPMZ 1953, 227 – Rohrschelle, BGH BlPMZ 1973, 257 – Herbicide; BGH GRUR 70, 289, 294 Dia-Rähmchen IV.

[16] BGH GRUR 1969, 182, Betondosierer; BGH GRUR Schaltungsanordnung.

[17] BGH BlPMZ 79, 151 – Etikettiergerät II; BGH GRUR 99, 145 – Stoßwellen-Lithotripter, EPA T 0106/84 ABl. 85, 132; EPA T 0009/86 ABl. 88,12; EPA T 0229/85 ABl. 87, 237; Mitt 78, 136 Erdölröhre.

6.17 Erfolgserwartung

Ist die Entwicklung einer Erfindung mit einer Erfolgserwartung verbunden, sodass der Erfinder davon ausgehen konnte, dass die Schaffung der Erfindung gelingen würde, ist eher nicht von einer erfinderischen Leistung auszugehen.[18]

Eine ausreichende Erfolgserwartung kann zum Naheliegen einer Erfindung führen. Die Erfolgserwartung ist abhängig von dem technischen Gebiet, dem erforderlichen Aufwand für das Verfolgen des Ansatzes, dem Vorhandensein von Alternativen und den wirtschaftlichen Ertragsaussichten.[19]

Konnte der Fachmann bei einem Lösungsweg von einer vernünftigen Erfolgserwartung ausgehen, ist eher nicht von einer ausreichenden Erfindungshöhe für eine Patenterteilung auszugehen.

Eine Erfolgserwartung besteht trotz dem Vorhandensein von üblichen Problemen bei der Übertragung eines Verfahrens oder einer Vorrichtung aus einem anderen technischen Gebiet. Übliche, zu erwartende Probleme können kein Naheliegen ausschließen.

6.18 Gattungsfremder Stand der Technik

Gibt es nur gattungsfremden Stand der Technik und muss insbesondere als nächstliegenden Stand der Technik von einem gattungsfremden Stand der Technik ausgegangen werden, legt das erfinderische Tätigkeit nahe.

6.19 Glücklicher Griff/Zufall

Der subjektive Aufwand oder die Mühe, um zu einer Erfindung zu gelangen, sind bei der Bewertung der erfinderischen Tätigkeit außer Acht zu lassen. Ein zufälliger glücklicher Griff widerspricht nicht einer erfinderischen Tätigkeit.[20] Eine erfinderische Tätigkeit liegt jedoch nicht vor, wenn die erfinderische Lehre durch überschaubare Versuche aus einer begrenzten Anzahl von Möglichkeiten gefunden wurde.[21]

---

[18] BGH GRUR 01, 730 Trigonellin; EPA T 0060/89 ABl 92, 268; EPA T 0386/94 ABl 96, 658; EPA T 0412/93 EPOR 95, 629.
[19] BGH GRUR 2012, 803 – Calcipotriol-Monohydrat; BGH GRUR 2016, 1027 – Zöliakiediagnoseverfahren; BGH GRUR 2019, 1032 – Fulvestrant; BGH GRUR 2020, 521 – Autoantikörpernachweis; BGH GRUR 2020, 602 – Tadalafil; BGH GRUR 2020, 1178 – Pemetrexed II; BGH GRUR 2021, 696 – Phytase; BGH GRUR 2024, 236 – Sorafenib-Tosylat.
[20] BGH GRUR 96, 757 Zahnkranzfräser.
[21] BGH GRUR 92, 375, Tablettensprengmittel.

Gelingt eine Erfindung durch Zufall, ist dies kein negatives Beweisanzeichen.[22] Auf welche Art und Weise eine Erfindung geschaffen wurde, ist nicht von Bedeutung. Ein Patent belohnt nicht die Mühe des Erfinders, sondern die Bereicherung des technischen Wissens. Bereits das Erkennen, dass eine Erfindung vorliegt, kann eine erfinderische Tätigkeit darstellen.

6.20 Handwerkliches Können/konstruktive Maßnahmen

Handwerkliches Können zählt zum Fachkönnen eines Fachmanns. Wird eine Erfindung ausschließlich aus hergebrachten Regeln entwickelt, ist von Naheliegen der technischen Lehre der Erfindung auszugehen.[23]

Rein handwerkliche Maßnahmen führen in keinem Fall zu einer patentrechtlich relevanten erfinderischen Tätigkeit.[24] Wird das handwerkliche oder konstruktive Können des Durchschnittsfachmanns nicht überragt, kann keine Patentierung der betreffenden technischen Lehre erfolgen. Dies gilt auch, wenn die technische Lehre zweckmäßig, geschickt und fertigungstechnisch vorteilhaft ist.[25]

Rein konstruktive Maßnahmen liegen im Fachkönnen des Durchschnittsfachmanns und können keine erfinderische Tätigkeit begründen. Basiert die Erfindung jedoch auf mehreren konstruktiven Überlegungen, kann eine Erfindung geschaffen worden sein.[26]

6.21 Hohe Entwicklungstätigkeit

Eine Erfindung, die einem technischen Bereich angehört, in dem eine hohe allgemeine Entwicklungstätigkeit besteht, ist eher als erfinderisch anzusehen.[27]

---

[22] EPA T 0356/93 ABl 95, 545.
[23] BGH Dreispiegel-Rückstrahler; BGH GRUR 62, 80 Rohrdichtung.
[24] BGH GRUR 1954, 107, 110 – Mehrfachschelle; BGH GRUR 1954, 258, 259 Schaleisen; BGH GRUR 1956, 73, 76 – Kalifornia-Schuhe.
[25] BGH 1971/1973 – Atemmaske.
[26] BGH Mitt 72, 18 Trockenrasierer; BGH GRUR 87, 351 Mauerkasten II; BGH BIPMZ 79, 151 Etikettiergerät II.
[27] EPA T 0009/86 ABl 88, 12; EPA T 0229/85 ABl 87, 237, Nr. 7.

6.22 Junges technisches Gebiet

Bei einer Erfindung aus einem jungen technischen Gebiet ist zu berücksichtigen, dass noch zu wenige Dokumente vorhanden sein können, um die Erfindung angemessen zu bewerten.[28]

6.23 Kaufmännische Leistung

Sämtliche Bemühungen und Resultate, die nicht technischer Natur sind, können keine erfinderische Tätigkeit begründen. Werden nur Bedürfnisse des Marktes ermittelt und diese mit bekannten Technologien bedient, liegt keine Erfindung gemäß dem Patentgesetz vor.[29]

6.24 Kein Stand der Technik

Kann kein oder nur ein geringfügiger Stand der Technik ermittelt werden, kann eine bahnbrechende Erfindung vorliegen, die regelmäßig das Kriterium der erfinderischen Tätigkeit erfüllt. Eine erfolglose Recherche nach dem Stand der Technik sollte in jedem Fall als ein Indiz für eine Patentfähigkeit gewertet werden.

6.25 Kinematische Umkehr

Eine kinematische Umkehrung bzw. kinematische Umkehr liegt beispielsweise vor, wenn in einer Vorrichtung bewegliche Teile feststehend und bislang unbewegliche Teile beweglich ausgebildet werden oder falls Bewegungsrichtungen von Bauteilen getauscht werden. Bei der kinematischen Umkehr ist in aller Regel dieselbe Wirkung beabsichtigt. Eine derartige kinematische Umkehr liegt im Fachkönnen des Fachmanns und begründet keine erfinderische Tätigkeit.

6.26 Kombinationserfindung

Eine reine Aneinanderreihung von Merkmalen, die jeweils bekannt sind, führt nicht zu einer erfinderischen Tätigkeit. Eine Ausnahme liegt vor, falls die Kombination besonders schwierig oder besonders vorteilhaft ist und zu einem bedeutenden Vorteil führt.[30] Hatte

---

[28] EPA T 0500/91 EPOR 95, 69.
[29] BGH GRUR 90, 594 Computerträger.
[30] BGH BIPMZ 63, 365, 366 Schutzkontaktstecker.

der Fachmann außerdem keine Veranlassung gerade diese Merkmale zu kombinieren, ist ebenfalls eher von erfinderischer Tätigkeit auszugehen.[31]

Eine Kombinationserfindung ergibt sich, falls im Stand der Technik bereits bekannte Merkmale derartig zusammengefasst werden, dass sich Synergieeffekte ergeben. Erfinderisch ist eine Kombinationserfindung, falls der Fachmann aus dem Stand der Technik keine Anregung zur Kombination dieser Merkmale erhalten hat.[32]

6.27 Kostengünstige Herstellung

Eine Verbilligung der Herstellung stellt insbesondere bei Massenartikeln, bei denen eine kostengünstige Herstellung besonders ins Gewicht fällt, ein Beweisanzeichen für Nicht-Naheliegen dar.

6.28 Kumulieren von Merkmalen

Die bloße Addition von zusammenhanglosen Merkmalen, macht eine Aggregation nicht erfinderisch. Führt die Zusammenfassung der Merkmale jedoch zu einem besonderen Vorteil und waren besondere technische Hürden zu überwinden, kann eine erfinderische Tätigkeit vorliegen.[33]

6.29 Langer Zeitraum

Ist ein besonders langer Zeitraum seit dem Auftauchen des technischen Problems bis zu seiner Lösung verstrichen und gab es umfangreiche Bemühungen der Fachwelt um eine Lösung, so kann eine erfinderische Tätigkeit vorliegen.[34]

Bestand insbesondere über einen langen Zeitraum ein unbefriedigtes Bedürfnis, das schließlich durch die Erfindung gelöst wurde, liegt eine erfinderische Tätigkeit vor.[35] Dies

---

[31] BGH GRUR 69, 182 Betondosierer; BGH GRUR 81, 736 Kautschukrohlinge; BGH GRUR 99, 145 Stoßwellen-Lithotripter.
[32] BGH GRUR 69, 182 Betondosierer; BGH GRUR 81, 736 Kautschukrohlinge; BGH GRUR 99, 145 Stoßwellen-Lithotripter.
[33] BGH BIPMZ 63, 365, 366 Schutzkontaktstecker; BGH BIPMZ 60, 87, 91 elektromagnetische Rühreinrichtung.
[34] BGH BIPMZ 54, 24 – Mehrfachschelle; BGH GRUR 57, 488 – Schleudergardine; BGH GRUR 62, 290 – Brieftaubenreisekabine; BGH BIPMZ 53, 227 – Rohrschelle; BGH BIPMZ 58, 114 – Polstersessel; BGH GRUR 65, 416 – Schweißelektrode; BGH BIPMZ 89, 133 – Gurtumlenkung; BGH GRUR 96, 757 – Zahnkranzfräser; EPA T 0109/82 ABl. 84, 473; EPA T 0090/89 GRUR-In 91, 81.
[35] BGH GRUR 57, 488 Schleudergardine; BGH GRUR 62, 290 Brieftaubenreisekabine.

6.33 Materialwahl

gilt umso mehr, wenn sich die Fachwelt bereits seit geraumer Zeit um eine geeignete Lösung bemüht hat.[36]

6.30 Lizenzvergabe

Die Vergabe von Lizenzen spricht für die Patentwürdigkeit einer Erfindung, denn ein Marktteilnehmer wird nur für Patente mit Erfindungen Lizenzgebühren bezahlen, die er für rechtsbeständig hält.[37]

6.31 Lob der Fachwelt

Eine positive Bewertung von Fachleuten kann als Indiz einer erfinderischen Tätigkeit gewertet werden.[38]

6.32 Massenartikel

Ein großer Verkaufserfolg stellt ein Beweisanzeichen für ein großes Marktbedürfnis dar, das schließlich befriedigt werden konnte. Beruht der Markterfolg jedoch nicht auf der technischen Lehre, die durch das Produkt realisiert wird, sondern auf einem geschickten Marketingfeldzug ist der Markterfolg kein Beweisanzeichen für erfinderische Tätigkeit.

Bei Massenartikeln besteht ein erhöhter Entwicklungsdruck, sodass bereits kleine Verbesserungen auf einer erfinderischen Tätigkeit beruhen können. Diese Verbesserungen müssen zu technischen Vorteilen führen, die den wirtschaftlichen Erfolg begründen.[39]

6.33 Materialwahl

Der Fachmann kennt die Eigenschaften der verschiedenen Materialien, sodass eine reine Materialwahl nicht zur erfinderischen Tätigkeit führt. Eine erfinderische Leistung liegt auch dann nicht vor, falls der einschlägige Durchschnittsfachmann die Eigenschaften eines Materials nicht kennt, sie aber von einem Experten erfährt.[40]

---

[36] BGH GRUR 60, 427 Fensterbeschläge; BGH GRUR 59, 22 Einkochdose.
[37] BGH Entscheidung vom 12.12.2000 – X ZR 121/97 Kniegelenk-Endoprothese.
[38] EPA T 0106/84 ABl 85, 132; EPA T 0677/91 ABl 94 Sonderausgabe 43.
[39] BGH BlPMZ 55, 66 Polsterkörper Latex; BGH GRUR 82, 406, 409 Verteilergehäuse.
[40] BGH GRUR 62, 350 Dreispiegel-Rückstrahler.

6.34 Mehrere Schritte

Sind mehrere Schritte erforderlich, um vom Stand der Technik zur Erfindung zu gelangen und handelt es sich bei diesen Schritten nicht um solche, die für den Fachmann reine Routine darstellen, kann eine ausreichende erfinderische Tätigkeit für eine Patenterteilung vorliegen.[41]

6.35 Mehrfacherfindungen

Wird eine Erfindung mehrfach und unabhängig voneinander geschaffen, spricht das für das Naheliegen der Erfindung.[42]

6.36 Mitbenutzungsrechte

Bemühen sich Wettbewerber um Mitbenutzungsrechte, kann dies als ein Indiz für erfinderische Tätigkeit gesehen werden, denn ein Wettbewerber wird keine Anstrengungen unternehmen, wenn er der Auffassung ist, dass das betreffende Patent nicht rechtsbeständig ist.[43] Erfordert es dem Wettbewerber jedoch nur wenig Mühe und Kosten ein Mitbenutzungsrecht zu erhalten, liegt allenfalls ein schwaches Beweisanzeichen vor. Ein Mitbenutzungsrecht ist insbesondere eine einfache, nicht-exklusive Lizenz.

6.37 Nachahmung

Wird eine neue technische Lehre von Wettbewerbern genutzt, spricht dies für die Patentfähigkeit der betreffenden Erfindung.[44] Dies gilt jedoch nicht, wenn sich die Wettbewerber nicht aus technischen Gründen, sondern aus Marketinggründen der technischen Lehre bedienen.[45]

---

[41] BGH GRUR 78, 98, 99 Schaltungsanordnung; BGH GRUR 81, 190, 193 Skistiefelauskleidung; BGH GRUR 85, 369 Körperstativ; BGH Mitt 04, 69 Ankerwickelmaschine; BGH Entscheidung vom 10.7.2007 – X ZR 240/02 Klappschachtel.
[42] BGH GRUR 53, 384 Zwischenstecker I; BGH GRUR 81, 341 piezoelektrisches Feuerzeug; BGH GRUR 53, 120 Glimmschalter.
[43] EPA T 0351/93 ABl. EPA 96 Sonderausgabe 32.
[44] BGH GRUR 91, 120 Elastische Bandage; BGH GRUR 87, 351 Mauerkasten II; BGH GRUR Entscheidung vom 28.1.1997 X ZR 43/94 Rückspiegel.
[45] BGH GRUR 91, 120 Elastische Bandage.

Wird die Erfindung von Wettbewerbern imitiert und durch die Erfindung bislang genutzte Technologien ersetzt, ist das ein starkes Beweisanzeichen für eine erfinderische Leistung.[46]

6.38 Nachfolgende Erfindungen

Basieren nachfolgende Erfindungen auf der zu bewertenden Erfindung, ist dies ein Beweisanzeichen für erfinderische Tätigkeit.[47]

6.39 Nachteile des Stands der Technik

Nur aufgrund von einzelnen Nachteilen, die einer technischen Lehre anhaften, wird die Verwendung der technischen Lehre des Stands der Technik zur Realisierung einer Erfindung nicht erfinderisch.[48]

6.40 Neuer Weg

Wurde durch die Erfindung ein neuer Weg beschritten, deutet das eine erfinderische Tätigkeit an. Durch den neuen Weg sollte eine alternative Lösung oder eine bessere technische Lehre entwickelt worden sein, damit sich eine erfinderische Tätigkeit ergibt.[49]

6.41 Nützlichkeit

Eine besonders hohe Nützlichkeit kann ein positives Indiz sein.

---

[46] BGH GRUR 91, 120 Elastische Bandage; BGH GRUR 87, 351 Mauerkasten II; BGH vom 28.1.97 X ZR 43/94 Rückblickspiegel.
[47] BGH GRUR 65, 473, 477 Dauerwellen.
[48] BGH Urteil vom 15. Juni 2021 – X ZR 58/19, GRUR 2021, 1277 – Führungsschienenanordnung; BGH Urteil vom 3. September 2024 – X ZR 106/22 – Scheibenbremse III.
[49] BGH GRUR 09, 746 Betrieb einer Sicherheitseinrichtung.

6.42 Obvious-to-try

Einem Fachmann ist zuzutrauen, dass er Versuche unternimmt, wenn eine angemessene Erfolgsaussicht besteht. Dies gilt nicht, wenn eine Vielzahl von Versuchen erforderlich sind, um eine Erfindung zu schaffen, oder die Richtung der Versuche einem allgemeinen Trend zuwiderläuft.[50]

6.43 Optimierung

Eine Optimierung ist eine übliche Aufgabe eines Fachmanns und kann keine erfinderische Tätigkeit begründen. Erfolgt eine Optimierung jedoch durch eine gezielte Wahl einer besonderen technischen Lehre und ergibt sich daraus ein überraschendes Ergebnis, stellt dies ein Beweisanzeichen für eine erfinderische Leistung dar.

Eine Optimierung von zwei zuwiderlaufenden Parametern stellt das übliche Fachkönnen eines Fachmanns dar. Dies gilt insbesondere, wenn er die optimale Einstellung berechnen oder durch einfache Versuche ermitteln kann.[51]

6.44 Parallelanmeldungen

Wird dieselbe Erfindung parallel in mehreren Anmeldungen von unterschiedlichen Anmeldern eingereicht und stellen die technischen Lehren der Parallelanmeldungen eine abweichende und umständlichere bzw. nachteilige Lösung dar, ergibt sich ein Indiz für die Patentfähigkeit der betreffenden Erfindung.[52]

6.45 Planmäßige und systematische Arbeiten

Wie die Erfindung geschaffen wurde ist grundsätzlich unerheblich. Ob eine systematische und planmäßige Vorgehensweise oder ein Zufall zur Erfindung geführt hat, spielt bei der Bewertung der erfinderischen Tätigkeit keine Rolle. Es ist ausschließlich der objektive Beitrag zur Fortentwicklung der Technologie zu bewerten, wobei dieser Beitrag jenseits einer evolutionären Weiterentwicklung der Technologie liegen muss.

---

[50] T 0253/85 EPOR 87, 198, 204; T 0348/86 EPOR 88, 159.
[51] BGH GRUR 13, 1022 Aufzugsmultigruppensteuerung.
[52] BGH GRUR 60, 427 Fensterbeschläge; BGH GRUR 53, 384 Zwischenstecker I; BGH GRUR 53, 120 Glimmschalter.

6.46 Praktische Bewährung

Hat sich eine Erfindung in der Praxis bereits gut bewährt, stellt das ein Hinweis auf eine erfinderische Tätigkeit dar.[53]

6.47 Routine

Technische Schwierigkeiten, die durch routinemäßiges Arbeiten gelöst werden können, können nicht zu einer erfinderischen Tätigkeit im Sinne des Patentgesetzes führen.[54]

6.48 Rüstzeug des Fachmanns

Behauptungen wie „es lag auf der Hand" oder dass es sich um das „tägliche Rüstzeug des Fachmanns" handeln würde müssen nachgewiesen werden, damit mangelnde erfinderische Tätigkeit anzunehmen ist.

6.49 Stoffaustausch

Wird ein Material durch ein anderes Material ersetzt und ist dem Fachmann das andere Material mit seinen vorteilhaften Eigenschaften bekannt, liegt keine erfinderische Tätigkeit vor.[55] Dies gilt nicht, wenn eine neue Eigenschaft des Tauschmaterials durch die Erfindung entdeckt wird.

6.50 Technischer Fortschritt

Technischer Fortschritt ist ein starkes Indiz für eine erfinderische Tätigkeit, denn wäre die Erfindung nahegelegen, hätte sich jeder Fachmann der Erfindung bedient, um den technischen Fortschritt zu erlangen.[56]

---

[53] BGH GRUR 59, 22, Einkochdose.
[54] T 0073/88 ABl 91 SonderA 23.
[55] BGH GRUR 62, 80 Rohrdichtung; BGH GRUR 67, 25 Spritzgussmaschine III; BGH GRUR 62, 350 Dreispiegel-Rückstrahler; BGH GRUR 10, 814 Fugenglätter; BGH GRUR Int 10, 334 Sektionaltor.
[56] BGH Gießpulver; BPatG Mitt 87, 10; EPA T 0164/83 ABl 87, 149; EPA T 0181/82 ABl 84, 401, Nr. 4; EPA T 0095/83 ABl 85, 75.

Ein technischer Fortschritt stellt sich ein, wenn ein neues Mittel zur Verfügung gestellt wird, das einen nützlichen Erfolg zeitigt. Eine alternative Lösung zu einer bereits bestehenden Erfindung stellt daher keinen technischen Fortschritt dar. Weist die alternative Lösung jedoch Vorteile zur bislang bekannten technischen Lehre auf, so stellt auch die alternative Lösung einen technischen Fortschritt dar.[57]

Erzielt die Erfindung insbesondere einen bedeutenden technischen Fortschritt, liegt ein sehr aussagekräftiges Beweisanzeichen für eine erfinderische Tätigkeit vor.[58]

6.51 Technisches Vorurteil

Stellt der Gegenstand der Patentanmeldung eine Abkehr vom bislang Üblichen dar, kann dies als starkes Anzeichen einer erfinderischen Tätigkeit angesehen werden.[59] Können einschlägige Fachbücher oder sonstige Veröffentlichungen ermittelt werden, die nachweisen, dass die Erfindung der herrschenden Lehre widerspricht, kann kaum mehr von einem Naheliegen gesprochen werden.

Ein technisches Vorurteil stellt eine allgemeine Ansicht einer Majorität der Fachleute dar, die verhindert, dass in Richtung der Erfindung geforscht und entwickelt wird.[60] Ein technisches Vorurteil liegt vor, falls:

- das Vorurteil in der Fachwelt allgemein besteht[61],
- die Fachwelt die Erfindung daher für nicht ausführbar erachtet[62],
- das Vorurteil sich durch die Erfindung als Irrtum erweist[63] und
- das Vorurteil technischer und nicht wirtschaftlicher Natur ist.[64]

Erzeugt die Erfindung zusätzlich einen technischen Effekt bzw. einen technischen Vorteil kann eine erfinderische Tätigkeit gegeben sein.

Ein relevantes technisches Vorurteil besteht, falls dieses in der Fachwelt zum Zeitpunkt des Anmelde- oder Prioritätstags der Patentanmeldung bestanden hat.[65]

---

[57] BGH Anthradipyrazol.
[58] BGH BIPMZ 89,215 – Gießpulver; BGH GRUR 94, 36 – Messventil.
[59] BGH GRUR 99, 145, Stoßwellen-Lithotripter.
[60] BGH GRUR 96, 857 Rauchgasklappe; BGH GRUR 84, 580, 581 Chlortoluron.
[61] BGH GRUR 96, 857 Rauchgasklappe.
[62] BGH Liedl 61/62, 397, 411 Straßenbeleuchtung; BGH GRUR 96, 857 Rauchgasklappe.
[63] BGH Liedl 61/62, 397, 411 Straßenbeleuchtung; BGH GRUR 96, 857 Rauchgasklappe.
[64] BGH GRUR 94, 36 Messventil.
[65] BGH Liedl 61/62, 397, 411 Straßenbeleuchtung; BGH GRUR 96, 857 Rauchgasklappe.

6.52 Trial and error/Versuche

Gelangt der Fachmann durch überschaubare Experimente zur Erfindung, liegt eher keine erfinderische Tätigkeit vor. Dies gilt aber nur, falls der Fachmann einen Anlass hatte, die geeigneten Versuche durchzuführen. Werden Versuche nur dazu genutzt, die beste Lösung unter mehreren technischen Lehren zu bestimmen, liegt dies im handwerklichen Können des Fachmanns und ist naheliegend.[66]

6.53 Übertragungserfindung

Die reine Übertragung einer bekannten Theorie auf ein ähnliches Problem, kann keine erfinderische Tätigkeit begründen. Wird jedoch von der Fachwelt von der speziellen Übertragung abgeraten oder findet eine Übertragung für ein vollkommen anderes technisches Fachgebiet statt, kann sich eine andere Bewertung ergeben.

6.54 Verwendung

Eine Erfindung kann eine neuartige Verwendung realisieren. Ist die Art der Verwendung nicht naheliegend, liegt eine erfinderische Tätigkeit vor.[67] Ist zur neuartigen Verwendung eine bislang unbekannte Art der Realisierung erforderlich, ist mit Sicherheit von einer erfinderischen Tätigkeit auszugehen.

6.55 Vorteile

Erzeugt eine Erfindung Vorteile, kann dies ein Beweisanzeichen für erfinderische Tätigkeit sein, denn jedes Unternehmen ist bestrebt, Vorteile für sich zu generieren. Die Tatsache, dass die anderen Unternehmen die Erfindung nicht erschaffen haben, kann als Nachweis des Nicht-Naheliegens gewertet werden. Der Vorteil kann auch geringfügig sein, denn auch kleine Vorteile können große wirtschaftliche Folgen haben.[68]

---

[66] BGH GRUR 68, 311, 313 Garmachverfahren; BPatG Mitt 65, 10.
[67] BGH GRUR 12, 373 Glasfasern.
[68] EPA T 0015/86 EPOR 87, 291.

6.56 Willkürliche Auswahl aus einer Vielzahl von Varianten

Eine willkürliche Auswahl einer Ausführungsform aus einer Vielzahl an möglichen Ausführungsformen, die sich nicht durch besonders vorteilhafte Eigenschaften gegenüber den alternativen Ausführungsformen auszeichnet, kann keine erfinderische Tätigkeit begründen.

6.57 Wirtschaftlicher Erfolg

Ist ein wirtschaftlicher Erfolg auf die technische Lehre und nicht auf betriebswirtschaftliche Bemühungen zurückzuführen, kann dies auf eine erfinderische Tätigkeit deuten.[69]

Wird für die Benutzung eines Schutzrechts Lizenzen vergeben, stellt dies einen positiven Hinweis dar, da Lizenzgebühren in aller Regel nur für rechtsbeständige Schutzrechte bezahlt werden.[70]

Kann ein wirtschaftlicher Erfolg über einen längeren Zeitraum als Urteil des Marktes über eine Erfindung angesehen werden, liegt ein starkes Beweisanzeichen für erfinderische Leistung vor. Beruht der wirtschaftliche Erfolg jedoch ausschließlich auf einem Marketingkonzept, kann dem wirtschaftlichen Erfolg keine Bedeutung zugeordnet werden.[71]

6.58 Zeit als Kriterium

Können zu einer Erfindung nur sehr alte Dokumente gefunden werden, stellt das ein Indiz für erfinderische Tätigkeit dar, denn offenbar war es schwierig, zur technischen Lehre der Erfindung zu gelangen.[72] Dies gilt jedoch nur, wenn über diesen Zeitraum das Bedürfnis bestand, das durch die Erfindung befriedigt wird.[73]

Ein Dokument, das bereits 20 oder 30 Jahre alt ist, wird ein Fachmann eines dynamischen technischen Gebiets nicht zu Rate ziehen. Es ist daher für ihn nicht naheliegend, dieses Dokument zu verwenden, um zu einer erfinderischen Idee zu gelangen. Ein Beispiel für ein dynamisches technisches Gebiet ist die Telekommunikation. Andererseits wird ein Fachmann auf einem technischen Gebiet, das nicht durch häufige technische Umbrüche

---

[69] BGH GRUR 91, 120 – Elastische Bandage; BGH GRUR 90, 594 – Computerträger; BGH GRUR 87, 351 – Mauerkasten II; BGH BlPMZ 94, 36 – Messventil.
[70] BGH vom 12.12.2000 X ZR 121/97 Kniegelenk-Endoprothese.
[71] BGH GRUR 91, 120 Elastische Bandage; BGH GRUR 90, 594 Computerträger.
[72] BGH GRUR 57, 488 Schleudergardine; BGH GRUR 62, 290 Brieftaubenreisekabine.
[73] BGH GRUR 65, 416 Schweißelektrode I; BGH GRUR 96, 757 Zahnkranzfräser.

gekennzeichnet ist, durchaus auch Dokumente betrachten, die 40 oder 50 Jahre alt sind. Ein konservatives technisches Gebiet ist beispielsweise der allgemeine Maschinenbau.

Es ist insbesondere unwahrscheinlich, dass der Fachmann als nächstliegenden Stand der Technik ein Dokument nutzt, das bereits mehr als 20 Jahre alt ist. Der Fachmann wird immer bestrebt sein, den aktuellen Wissensstand seines Fachgebiets zu nutzen, um eine geeignete Lösung einer technischen Aufgabe zu finden. Es ist daher als nächstliegenden Stand der Technik ein aktuelles Dokument zu verwenden. Kann jedoch als nächstliegender Stand der Technik nur ein Dokument genutzt werden, das älter als 20 Jahre ist, spricht dies für eine erfinderische Tätigkeit.

6.59 Zwangsläufige Entwicklung

Kann eine neue technische Lehre als eine konsequente Fortentwicklung der vorhandenen Technologie bewertet werden, insbesondere da keine Alternativen erkannt werden können, kann der technischen Lehre keine erfinderische Tätigkeit zugebilligt werden.[74]

Ergibt sich eine Erfindung quasi automatisch aufgrund der technologischen Fortentwicklung, wobei Abzweigungen als unwahrscheinlich erscheinen, kann eine erfinderische Tätigkeit ausgeschlossen werden.[75] Selbst wenn sich in diesem Fall ein besonderer vorteilhafter Effekt einstellt, kann dies nicht eine erfinderische Tätigkeit begründen.

Gelangt der Fachmann durch ein naheliegendes Verfahren zwangsläufig zu einer Erfindung, kann keine erfinderische Leistung vorliegen.[76] Grundsätzlich soll das Patentgesetz nicht für solche Erfindungen zugänglich sein, die sich durch die zwangsläufige, konsequente Weiterentwicklung der Technologie quasi automatisch ergeben.

6.60 Zweckmäßige Maßnahmen

Zweckmäßige Maßnahmen, die sich durch bloße Anwendung bekannter Betrachtungen ergeben und nicht auf grundlegende Überlegungen beruhen, werden dem Fachkönnen des Durchschnittsfachmanns zugeordnet, und können keine erfinderische Tätigkeit begründen. Dies gilt insbesondere, wenn nur unwesentliche Veränderungen bzw. Verbesserungen vorgenommen werden. Werden aus Zweckmäßigkeitsgründen bereits bekannte Ideen, deren Wirkungen vorhersehbar sind, angewandt, kann ebenfalls nicht von einer ausreichenden Erfindungshöhe für eine Patenterteilung ausgegangen werden.

---

[74] BGH GRUR 09, 746 Betrieb einer Sicherheitseinrichtung.
[75] EPA T002/83 ABl 84, 265, Nr. 6; EPA T 0192/82 ABl 84, 415, Nr. 16.
[76] BGH GRUR 12, 1130 Leflunomid.

Beispiele aus der Praxis 7

Inhaltsverzeichnis

7.1 Grundsätzliche Vorgehensweise 74
7.2 Nächstliegender Stand der Technik 76
7.3 Unterscheidungsmerkmale 76
7.4 Aufgabe der Erfindung 76
7.5 Beispiel 1: Vorrichtung zum Sieben von Kompost 76
7.6 Beispiel 2: Reitgerte 80
7.7 Beispiel 3: Mähdrescher 83
7.8 Beispiel 4: Düngevorrichtung im Mähdrescher 89
7.9 Beispiel 5: Einkaufswagen mit Objekthalterung 90
7.10 Beispiel 6: Schiebegriff eines Einkaufswagens 91
7.11 Beispiel 7: Verriegelungsvorrichtung für einen Einkaufswagen 100
7.12 Beispiel 8: Kunststoffembleme 106
7.13 Beispiel 9: Physiotherapeutisches Gerät zur Rehabilitation 108
7.14 Beispiel 10: Eckverbindung für Blechkanäle 112

Die Beurteilung der erfinderischen Tätigkeit ergibt sich, im Gegensatz zur Beurteilung der Neuheit, nicht offensichtlich. Bei der Begründung der Neuheit genügt im Grunde der Satz: „Die Merkmale XY des Hauptanspruchs sind nicht in der Entgegenhaltung enthalten". Eine weitergehende Argumentation ist nicht erforderlich. Die Begründung der erfinderischen Tätigkeit ist erheblich aufwendiger und erfordert eine angemessene und geeignete Argumentation. Zielgerichtetes Vorgehen ist erforderlich, um die zu lösende technische Aufgabe zu benennen, denn sie darf nicht zu spezifisch sein, damit die Erfindung nicht als zwangsläufige Folge der Aufgabenstellung erscheint. Strategie ist gefordert, falls eine Hinzunahme von Merkmalen zum ursprünglichen Hauptanspruch notwendig ist, denn diese Unterscheidungsmerkmale sind der Ausgangspunkt der gesamten weiteren Begründung der erfinderischen Tätigkeit.

7.1 Grundsätzliche Vorgehensweise

Die Abb. 7.1 illustriert die grundsätzliche Vorgehensweise bei der Argumentation zu einer vorhandenen erfinderischen Tätigkeit. Die Argumentation zu einer fehlenden erfinderischen Tätigkeit ist entsprechend abzuändern. Sind die entsprechenden Dokumente des Stands der Technik aus Sicht des Fachmanns kombinierbar, muss im (abgeänderten) Hauptanspruch ein oder mehrere Merkmale enthalten sein, die nicht in den Entgegenhaltungen des Stands der Technik beschrieben sind. Diese Unterscheidungsmerkmale dienen dazu, die Wirkung bzw. Funktion der Erfindung zu bestimmen. Die Funktion der Unterscheidungsmerkmale sollte derart formuliert werden, dass sie nicht den Entgegenhaltungen zu entnehmen ist. Aus der Funktion der Erfindung ergibt sich die Aufgabenstellung, die allgemein zu formulieren ist. Durch eine allgemeine Aufgabenformulierung wird ausgeschlossen, dass sich die Erfindung zwangsläufig aus der Aufgabe ergibt. Bei Kombinierbarkeit der Dokumente des Stands der Technik ist daher durch Unterscheidungsmerkmale, die eine andere Funktion und Aufgabe erfüllen, ein ausreichender Abstand zum Stand der Technik zu schaffen. Sind die Dokumente des Stands der Technik nicht kombinierbar, ist dies durch den Could-Would-Test zu zeigen und die Argumentation könnte hiermit beendet werden. Allerdings könnte rein vorsorglich noch mit der Aufnahme von weiteren Merkmalen in den Hauptanspruch der Abstand zum Stand der Technik vergrößert werden. Zumindest kann durch eine Beschreibung der speziellen Funktion und zu lösenden Aufgabe der Unterscheidungsmerkmale eine zusätzliche argumentative Abgrenzung zum Stand der Technik geschaffen werden. Die Begründung der erfinderischen Tätigkeit ist für die nebengeordneten Ansprüche in gleicher Weise vorzunehmen.

Können die Unterscheidungsmerkmale einer Kombination von Entgegenhaltungen des Stands der Technik entnommen werden, ist mit der Could-Would-Bedingung zu argumentieren. In diesem Fall ist darzulegen, dass der Fachmann diese Entgegenhaltungen nicht kombinieren würde.

Folgende allgemeine Hinweise sind zu beachten:

- Wo dies möglich und sinnvoll ist: Erweitern des Hauptanspruchs mit einem oder mehreren Merkmalen, die in keiner Entgegenhaltung des Stands der Technik zu finden sind.
- Eventuell: Erweitern des Hauptanspruchs mit einem oder mehreren Merkmalen, die nur in Entgegenhaltungen des Stands der Technik zu finden sind, die der Fachmann nicht mit dem nächstliegenden Stand der Technik kombinieren würde. Eine Argumentation auf Basis des Could-Would-Tests ist anzuschließen.

7.1 Grundsätzliche Vorgehensweise

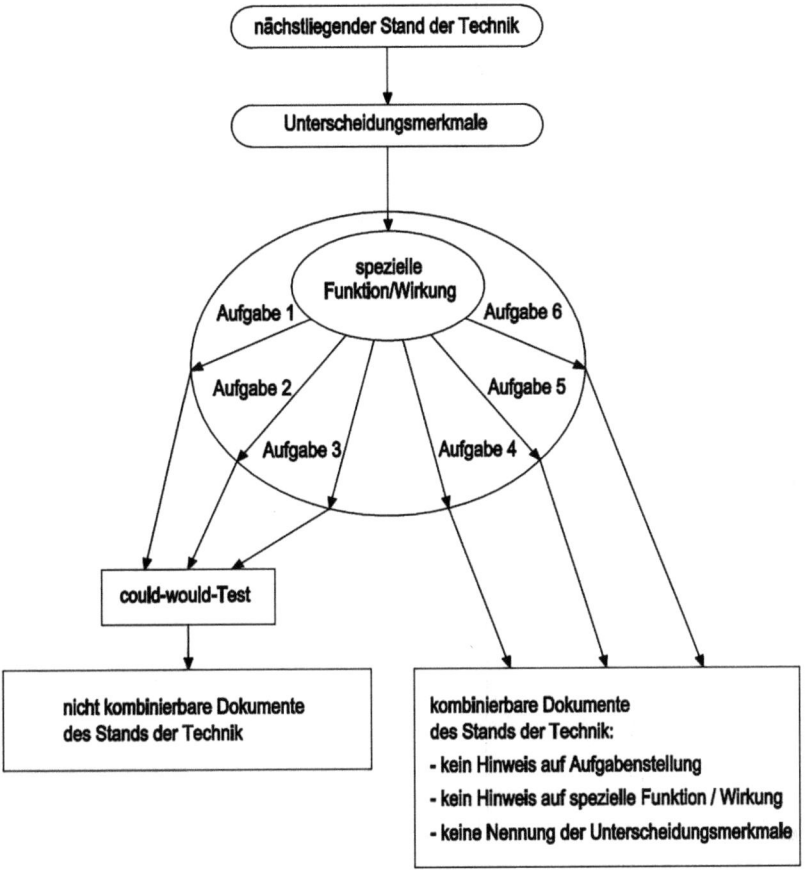

Abb. 7.1 Argumentation der erfinderischen Tätigkeit

- Bestimmen der konkreten Funktion bzw. Wirkung der Unterscheidungsmerkmale derart, dass die Funktion und die Wirkung nicht in den Entgegenhaltungen offenbart ist.
- Bestimmen der Aufgabenstellung derart, dass sich die Erfindung nicht konsequenterweise aus der Aufgabenstellung ergibt.
- Vorteilhaft ist es, falls die Aufgabenstellung nicht in den Entgegenhaltungen beschrieben ist.

7.2 Nächstliegender Stand der Technik

Der nächstliegende Stand der Technik wird zumeist im ersten Bescheid des Patentamts vom Prüfer vorgegeben. Im europäischen Verfahren macht es keinen Sinn zu versuchen, durch die Definition des Fachmanns einen anderen Stand der Technik als nächstliegend vorzuschlagen, um das Dokument zu ersetzen, das die meisten gemeinsamen Merkmale mit der zu prüfenden Erfindung hat. Die Situation sieht beim deutschen Patenterteilungsverfahren erfolgversprechender aus. Beim Verfahren vor dem DPMA ist grundsätzlich der Ausgangspunkt der Durchschnittsfachmann, sodass mit einer geeigneten Argumentation des Fachmanns ein gewünschter Stand der Technik als nächstliegend begründet werden kann. Es ist natürlich immer fraglich, ob der befasste Prüfer des Patentamts der Argumentation folgt.

7.3 Unterscheidungsmerkmale

Die Unterscheidungsmerkmale sind diejenigen Merkmale, die sich nicht im nächstliegenden Stand der Technik finden. Vorteilhafterweise können diese Merkmale auch keiner weiteren Entgegenhaltung des Stands der Technik entnommen werden.

7.4 Aufgabe der Erfindung

Im Laufe des Patenterteilungsverfahrens werden in aller Regel der Hauptanspruch und die nebengeordneten Ansprüche um Merkmale erweitert, um sie vom Stand der Technik abzugrenzen. Dadurch kann sich auch die Notwendigkeit ergeben, die Aufgabenstellung zu ändern. Es ist zulässig, die Aufgabe der Erfindung während des Patenterteilungsverfahrens anzupassen.

7.5 Beispiel 1: Vorrichtung zum Sieben von Kompost

Die Patentanmeldung DE 10 2022 114 831 „Vorrichtung zum Sieben von Kompost" wurde am 13. Juni 2022 beim Patentamt eingereicht und führte am 27. Juli 2023 zum Patent. Die technische Lehre des Patents beschreibt einen Sieb, der beispielsweise auf einer Schubkarre beweglich angeordnet wird, wobei Kompost in den Sieb eingefüllt und geschüttelt wird. Durch das Sieb werden Steine und große Wurzeln zurückgehalten und in der Ladefläche der Schubkarre kann der Humus aufgefangen werden.[1]

Die Aufgabe, die in der ursprünglichen Patentanmeldung beschrieben wurde, lautete:

---

[1] DPMA, https://depatisnet.dpma.de/DepatisNet/depatisnet?action=pdf&docid=DE1020221148 31B3&xxxfull=1, Paragraphen [0005] und [0015], abgerufen am 4.10.2024.

7.5 Beispiel 1: Vorrichtung zum Sieben von Kompost

„Die Aufgabe ist daher, eine Vorrichtung zur Verfügung zu stellen, durch die das Sieben von Kompost, um Humus herzustellen, vereinfacht wird. Insbesondere sollten mögliche gesundheitliche Gefahren ausgeschlossen werden."[2]

Als Aufgabe wurde daher ursprünglich mit der Vereinfachung der Herstellung von Humus, um gesundheitliche Risiken durch schwere körperliche Arbeiten zu vermeiden, argumentiert.

Der ursprüngliche Hauptanspruch lautete:

„Vorrichtung zum Sieben von Kompost, umfassend: einen Behälter (4) zur Aufnahme von Kompost, wobei der Boden des Behälters (4) zumindest teilweise als Sieb ausgebildet ist und eine Schiene (2), wobei der Behälter (4) auf der Schiene (2) bewegt werden kann."[3]

Erfindungsgemäß musste das Sieb nicht mehr von Hand gehalten werden, sondern konnte auf Schienen aufgesetzt werden, wodurch eine Entlastung des Rückens ermöglicht wird und damit gesundheitlichen Risiken vorgebeugt wird.

Die Abb. 7.2 zeigt die erfindungsgemäße Vorrichtung.

Das Patentamt konnte zwei Entgegenhaltungen des Stands der Technik ermitteln, die der Erfindung sehr nahekommen. Der nächstkommende Stand der Technik ist die FR 2 692 820, die alle Merkmale des ursprünglichen Anspruchs der Anmeldung offenbart. Die Abb. 7.3 zeigt die Fig. 1 der FR 2 692 820 mit einem Sieb auf Schienen, die auf der Wanne eines Schubkarrens aufsitzen, wobei der Sieb mittels eines Hebels hin- und herbewegt wird.

In der Abb. 7.3 sind sämtliche Merkmale des eigenen Hauptanspruchs offenbart, sodass es erforderlich war, ein zusätzliches Merkmal in den Hauptanspruch aufzunehmen, um sich von der FR 2 692 820 A1 abzugrenzen.[4]

Außerdem wurde die US 2021/0362190 A1 vom Patentamt recherchiert, die eine Aufnahme mit einem Sieb als Bodenfläche offenbart. Die Abb. 7.4 zeigt die Fig. 1 der US 2021/0362190 A1.[5]

Der Hauptanspruch der eigenen Patentanmeldung musste daher abgeändert werden. Der patentfähige Hauptanspruch lautet:

1. *„Vorrichtung zum Sieben von Kompost, umfassend: einen Behälter (4) zur Aufnahme von Kompost, wobei der Boden des Behälters (4) zumindest teilweise als Sieb ausgebildet ist und eine Schiene (2), wobei der Behälter (4) auf der Schiene (2) bewegt werden kann, wobei **an dem Behälter (4) beliebig viele***

---

[2] DPMA, https://depatisnet.dpma.de/DepatisNet/depatisnet?action=pdf&docid=DE102022114831B3&xxxfull=1, Paragraph [0004], abgerufen am 4.10.2024.
[3] DPMA, https://depatisnet.dpma.de/DepatisNet/depatisnet?action=pdf&docid=DE102022114831B3&xxxfull=1, Zusammenfassung, abgerufen am 4.10.2024.
[4] DPMA, https://depatisnet.dpma.de/DepatisNet/depatisnet?action=pdf&docid=FR000002692820A1&xxxfull=1, abgerufen am 2.1.2025.
[5] DPMA, https://depatisnet.dpma.de/DepatisNet/depatisnet?action=pdf&docid=US0202103621 90A1&xxxfull=1, abgerufen am 31.12.2024.

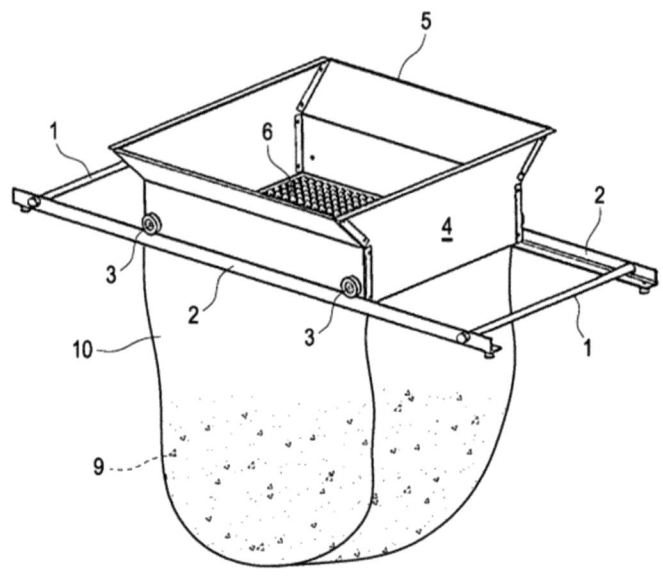

Fig. 7

Abb. 7.2 Fig. 7 der DE102022114831B3[6]

Rollen (3) oder Kufen angeordnet sind, auf denen der Behälter (4) auf der oder den Schienen (2) bewegbar ist."[7]

Die neuen Merkmale ermöglichen eine Bewegung des Siebs mit geringer Reibung. Die Aufgabe einer gesundheitlich positiven Wirkung bzw. rückenschonenden Arbeitsweise konnte nicht mehr verfolgt werden, da die Entgegenhaltungen ebenfalls das Aufsetzen des Siebs auf einem Schubkarren offenbarten. Die Funktion der zusätzlichen Merkmale war das Vermindern der Reibung bei der Bewegung des Siebs. Aus dieser Funktion konnte nicht direkt die Aufgabe abgeleitet werden, da eine Aufgabenstellung „Verringern der Reibung des Siebs bei der Bewegung" das Verwenden von Rollen nahegelegt hätte. Die technische Lösung wäre in diesem Fall dem handwerklichen Können des Fachmanns zuzurechnen gewesen. Die Aufgabenstellung musste daher abstrahiert werden und

---

[6] DPMA, https://depatisnet.dpma.de/DepatisNet/depatisnet?action=pdf&docid=DE1020221148 31B3&xxxfull=1, abgerufen am 29.5.2025.

[7] DPMA, https://depatisnet.dpma.de/DepatisNet/depatisnet?action=pdf&docid=DE1020221148 31B3&xxxfull=1, abgerufen am 31.12.2024.

7.5 Beispiel 1: Vorrichtung zum Sieben von Kompost

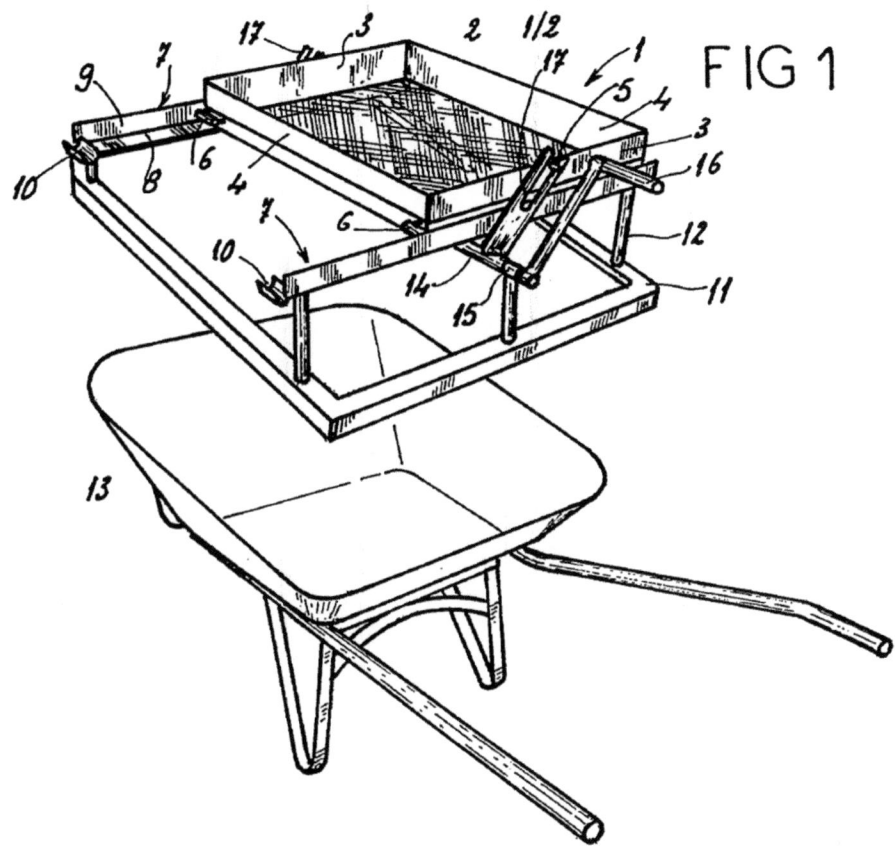

Abb. 7.3 Fig. 1 der FR2692820A1[8]

als "effizientes und schnelles Sieben" beschrieben werden. Mit dieser Aufgabenstellung des „effizienten und schnellen Siebens" konnte eine Patenterteilung erreicht werden.

---

[8] DPMA, https://depatisnet.dpma.de/DepatisNet/depatisnet?action=pdf&docid=FR000002692820A1&xxxfull=1, abgerufen am 29.5.2025.

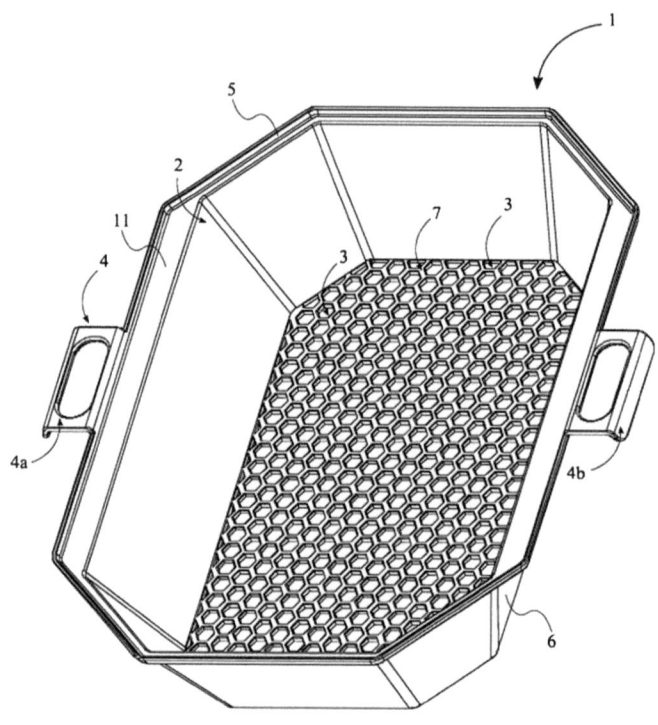

FIG. 1

Abb. 7.4 Fig. 1 der US20210362190A1[9]

7.6 Beispiel 2: Reitgerte

Das Patent DE 10 2022 105 981 „Reitgerte" wurde am 15. März 2022 beim Patentamt eingereicht. Die Abb. 7.5 zeigt die erfindungsgemäße Reitgerte.

Der Hauptanspruch der ursprünglich eingereichten Patentanmeldung lautete:

1. „*Reitgerte als Ausrüstung eines Reiters umfassend: einen Handgriff als ersten Abschnitt (1) und einen zweiten Abschnitt (2), dadurch gekennzeichnet, dass die Länge*

---

[9] DPMA, https://depatisnet.dpma.de/DepatisNet/depatisnet?action=pdf&docid=US020210362190A1&xxxfull=1, abgerufen am 29.5.2025.

7.6 Beispiel 2: Reitgerte

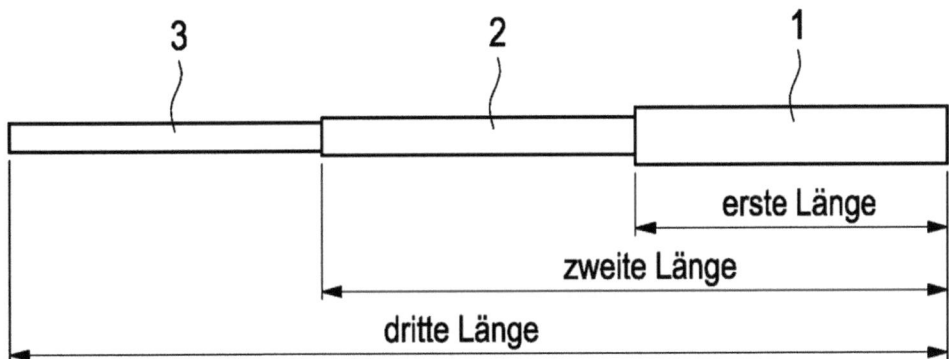

Abb. 7.5 Fig. 1 der DE102022105981A1[10]

des ersten Abschnitts (1) mit der des zweiten Abschnitts (2) der vorgeschriebenen Länge einer ersten Disziplin eines Reitwettbewerbs entspricht."[11]

Das deutsche Patentamt konnte zwei sehr relevante Entgegenhaltungen des Stands der Technik ermitteln, und zwar die DE 20 2020 106 967 U1 und die FR 2 279 438.

Die DE 20 2020 106 967 U1 beschreibt eine längenverstellbare Reitpeitsche, deren Länge änderbar ist.

Die Abb. 7.6 zeigt die Reitgerte der DE 20 2020 106 967 U1. Die Länge der Reitgerte kann teleskopartig variiert werden.[12]

Die Abb. 7.7 zeigt die Reitpeitsche der zweiten Entgegenhaltung, deren Länge ebenfalls teleskopartig einstellbar ist.[13]

Die Merkmale des zunächst eingereichten Hauptanspruchs der Patentanmeldung sind daher vom Stand der Technik vollständig vorweggenommen.

Der neue Anspruch der eigenen Patentanmeldung lautet:

---

[10] DPMA, https://depatisnet.dpma.de/DepatisNet/depatisnet?action=pdf&docid=DE102022105981A1&xxxfull=1, abgerufen am 29.5.2025.
[11] DPMA, https://depatisnet.dpma.de/DepatisNet/depatisnet?action=pdf&docid=DE102022105981A1&xxxfull=1, abgerufen am 31.12.2024.
[12] DPMA, https://depatisnet.dpma.de/DepatisNet/depatisnet?action=pdf&docid=DE202020106967U1&xxxfull=1, abgerufen am 2.1.2025.
[13] DPMA, https://depatisnet.dpma.de/DepatisNet/depatisnet?action=pdf&docid=FR000002279438A1&xxxfull=1, abgerufen am 2.1.2025.

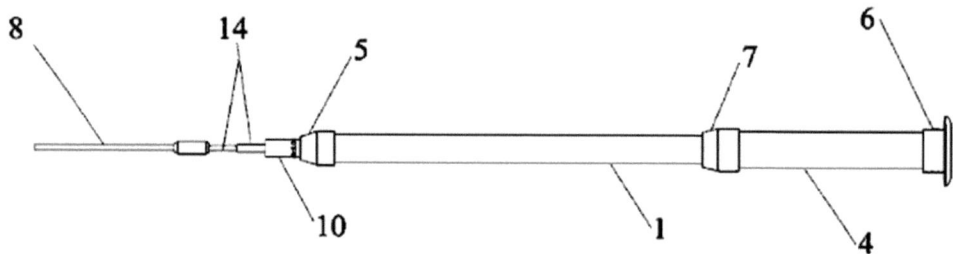

Abb. 7.6 Fig. 1 der DE202020106967U1[14]

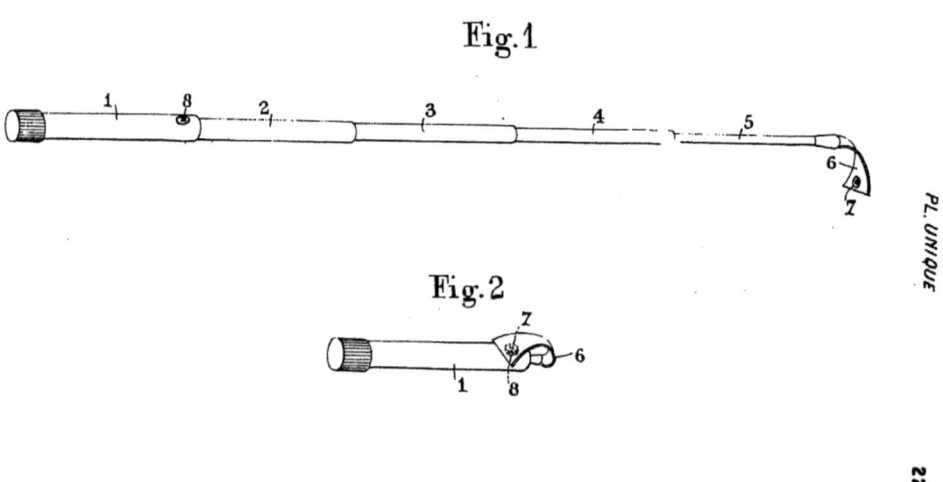

Abb. 7.7 Fig. 1 und 2 der FR2279438[15]

1. „Reitgerte als Ausrüstung eines Reiters umfassend: einen Handgriff als ersten Abschnitt (1) und einen zweiten Abschnitt (2), wobei die Länge des ersten Abschnitts (1) mit der des zweiten Abschnitts (2) der vorgeschriebenen Länge einer Reitgerte bei einer

---

[14] DPMA, https://depatisnet.dpma.de/DepatisNet/depatisnet?action=pdf&docid=DE202020106967U1&xxxfull=1, abgerufen am 29.5.2025.
[15] DPMA, https://depatisnet.dpma.de/DepatisNet/depatisnet?action=pdf&docid=FR000002279438A1&xxxfull=1, abgerufen am 29.5.2025.

ersten Disziplin eines Reitwettbewerbs entspricht, **dadurch gekennzeichnet, dass** *die Reitgerte einen dritten Abschnitt (3) aufweist, wobei die Länge des ersten Abschnitts (1), zusammen mit den zweiten und dritten Abschnitten (2, 3) der vorgeschriebenen Länge einer Reitgerte bei einer zweiten Disziplin eines Reitwettbewerbs entspricht, wobei die Länge der Reitgerte in Schritten änderbar ist, wobei mit der Betätigungsvorrichtung (4) eine beliebige Reitgertenlänge auswählbar ist."*[16]

Die Merkmale nach „dadurch gekennzeichnet, dass" wurden neu hinzugefügt, wobei jetzt das Merkmal aufgenommen wurde, dass die jeweiligen Längen dem Reglement der jeweiligen Disziplinen entspricht. Außerdem umfasst die neue Reitgerte eine Betätigungsvorrichtung 4, mit der die gewünschten Längen automatisch einstellbar sind.

Eine Betätigungsvorrichtung 4 und die Einstellung der Längen entsprechend den jeweiligen Disziplinen konnten dem Stand der Technik nicht entnommen werden. Der neue Hauptanspruch war daher neu. Die Abb. 7.8 zeigt die erfindungsgemäße Reitpeitsche mit der Betätigungsvorrichtung 4.

Die ursprüngliche Aufgabe wurde darin gesehen, dass die erfindungsgemäße Reitpeitsche in der Handhabung komfortabel ist. Eine Reitgerte, die für unterschiedliche Disziplinen, in denen unterschiedliche Längen der Reitpeitsche gefordert werden, geeignet ist, kann als komfortabel bezeichnet werden, denn es stellt einen Komfort dar, nur eine Reitpeitsche für unterschiedliche Reitdisziplinen verwenden zu können.

Die spezielle Funktion der erfindungsgemäßen Reitgerte ist es, schnell die geeigneten Längen für die Disziplin einzustellen. Eine allgemeine Aufgabe ist: eine Reitgerte zur Verfügung zu stellen, mit der unterschiedliche Disziplinen geritten werden können.

7.7 Beispiel 3: Mähdrescher

Die Anmeldung DE 10 2020 130 169 A1 beschreibt einen Mähdrescher zum Ernten von Getreide. Direkt nach dem Ernten erfolgt in einem weiteren Arbeitsschritt das Aussäen von Samen, was im Stand der Technik üblicherweise mehrere Wochen später erfolgt. Die Aufgabe der Erfindung ist es daher, die Arbeitsschritte des Erntens und Aussäens effizienter zu gestalten.

Die Aufgabe der Anmeldung lautete zunächst:

„Eine Aufgabe der Erfindung ist es daher, eine Erntemaschine, insbesondere einen Mähdrescher, zur Verfügung stellen, der die Arbeitsvorgänge des Erntens und des Aussäens insgesamt schneller erledigen kann."[17]

Der Hauptanspruch der Anmeldung lautete zunächst:

---

[16] DPMA, https://depatisnet.dpma.de/DepatisNet/depatisnet?action=pdf&docid=DE1020221059 81A1&xxxfull=1, abgerufen am 31.12.2024.

[17] DPMA, https://depatisnet.dpma.de/DepatisNet/depatisnet?action=pdf&docid=DE1020201301 69A1&xxxfull=1, abgerufen am 4.12.2024.

DE 10 2022 105 981 A1   2023.09.21

Anhängende Zeichnungen

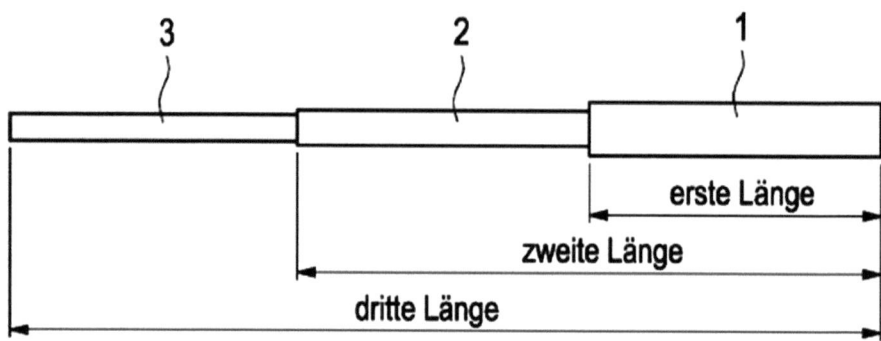

Fig. 1

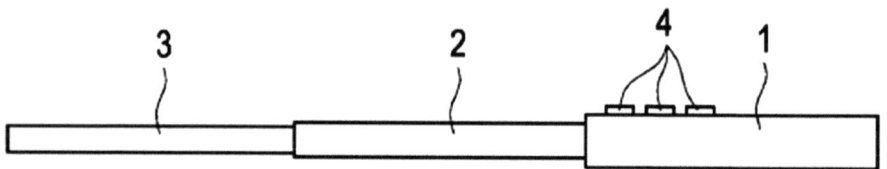

Fig. 2

Abb. 7.8 Fig. 1 und 2 der DE102022105981A1[18]

---

[18] DPMA, https://depatisnet.dpma.de/DepatisNet/depatisnet?action=pdf&docid=DE1020221059 81A1&xxxfull=1, abgerufen am 29.5.2025.

7.7 Beispiel 3: Mähdrescher

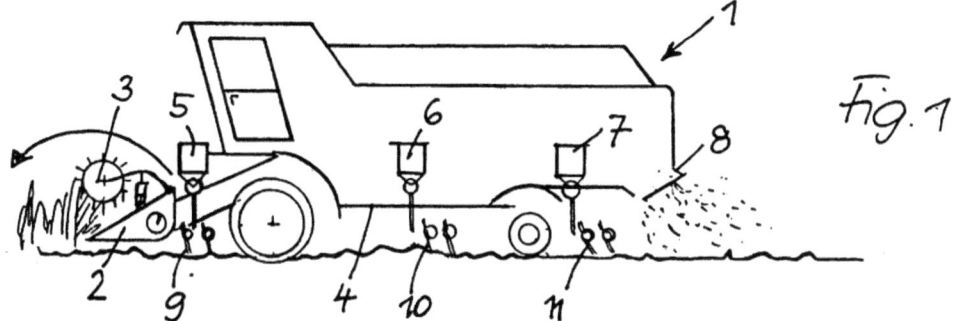

Abb. 7.9 Fig. 1 der DE3644767[21]

1. „*Erntemaschine, insbesondere Mähdrescher (1) zum Schneiden von Feldfrüchten, aufweisend:*
   - *eine Vorrichtung zum Schneiden (38) von Feldfrüchten, insbesondere Getreide wie Weizen, Roggen, Hafer sowie Mais und Raps und*
   - *eine Saatgutausbringungsvorrichtung (27) zur Aufnahme von Saatgut.*"[19]

Im Hauptanspruch wird beschrieben, dass die Erntemaschine eine Saatgutausbringungsvorrichtung umfasst, sodass direkt nach dem Ernten gesät werden kann. Hierdurch werden die Arbeitsschritte des Erntens und Säens in einem Arbeitsschritt zusammengefasst.

Das Patentamt ermittelte die Entgegenhaltungen des Stands der Technik DE 3644767, US 2016/0212931 A1 und DE 2003879.

In der Abb. 7.9 ist die Erntemaschine 1 der Entgegenhaltung DE 3644767 dargestellt, die einen Behälter 5 zur Aufnahme von Saatgut aufweist.[20]

Im Dokument US 2016/0212931 wird ebenfalls eine Erntemaschine mit einer Saatgutausbringungsvorrichtung offenbart.

Die Abb. 7.10 zeigt eine Erntemaschine 100 der Entgegenhaltung US 2016/0212931. Die Erntemaschine 100 der US 2016/0212931 A1 zeigt ein Schneidwerk 12 und einen Behälter 16, der Saatgut aufnimmt. Aus der Düse 24 kann das Saatgut nach dem Schneiden und Ernten der Feldfrüchte auf die landwirtschaftliche Nutzfläche ausgebracht werden.[22]

---

[19] DPMA, https://depatisnet.dpma.de/DepatisNet/depatisnet?action=pdf&docid=DE102020130169A1&xxxfull=1, abgerufen am 4.12.2024.

[20] DPMA, https://depatisnet.dpma.de/DepatisNet/depatisnet?action=pdf&docid=DE000003644767A1&xxxfull=1, abgerufen am 2.1.2025.

[21] DPMA, https://depatisnet.dpma.de/DepatisNet/depatisnet?action=pdf&docid=DE000003644767A1&xxxfull=1, abgerufen am 29.5.2025.

[22] DPMA, https://depatisnet.dpma.de/DepatisNet/depatisnet?action=pdf&docid=US020160212931A1&xxxfull=1, abgerufen am 2.1.2025.

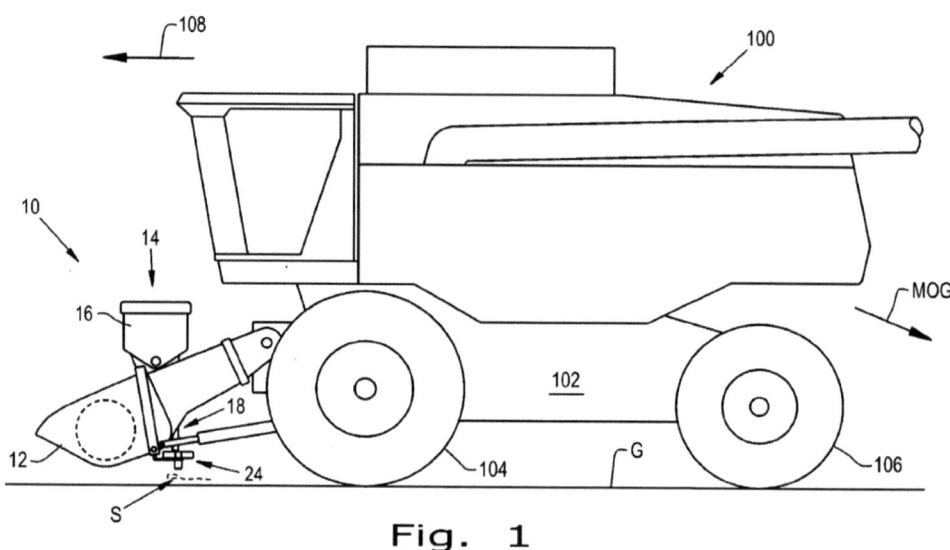

Abb. 7.10 Fig. 1 der US20160212931[23]

Die DE 2003879 zeigt ebenfalls eine Erntemaschine, die eine Saatgutausbringungseinheit aufweist, sodass mit demselben Fahrzeug und vorzugsweise direkt nach dem Ernten das Aussäen für die neue Ernte erfolgen kann.

Die Abb. 7.11 zeigt den Behälter 10 für Saatgut der DE 2003879, der an einer Erntemaschine angeordnet ist.[24]

Der Hauptanspruch der eigenen Patentanmeldung musste daher mit weiteren Merkmalen versehen werden, um sich vom Stand der Technik abzugrenzen.

Ein Nachteil der Behälter für Saatgut der Dokumente des Stands der Technik ist die schlechte Sicht des Fahrers der Erntemaschine, da die Behälter der Dokumente des Stands der Technik vorne oben angeordnet sind und damit die Sicht des Fahrers einschränken.

Eine neue Aufgabe der Anmeldung war daher, eine Saatgutausbringungsvorrichtung derart an der Erntemaschine anzuordnen, dass der Fahrer der Erntemaschine nicht durch die Saatgutausbringungsvorrichtung in seiner Sicht behindert ist.

Der neue Anspruch der eigenen Patentanmeldung lautete daher:

1. *„Erntemaschine, insbesondere Mähdrescher (1) zum Schneiden von Feldfrüchten, aufweisend:*

---

[23] DPMA, https://depatisnet.dpma.de/DepatisNet/depatisnet?action=pdf&docid=US0201602129 31A1&xxxfull=1, abgerufen am 29.5.2025.

[24] DPMA, https://depatisnet.dpma.de/DepatisNet/depatisnet?action=pdf&docid=DE0000020038 79A&xxxfull=1, abgerufen am 2.1.2025.

7.7 Beispiel 3: Mähdrescher

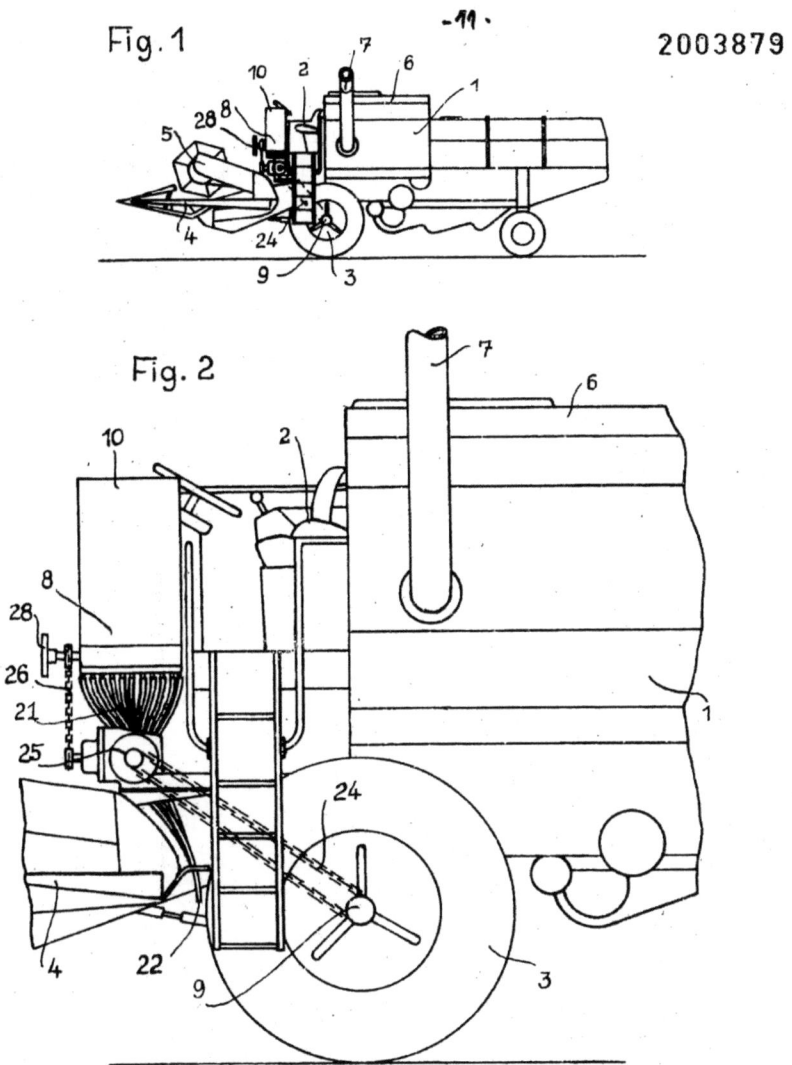

Abb. 7.11 Fig. 1 und 2 der DE2003879[25]

- *eine Vorrichtung zum Schneiden (38) von Feldfrüchten, insbesondere Getreide wie Weizen, Roggen, Hafer sowie Mais und Raps und*

---

[25] DPMA, https://depatisnet.dpma.de/DepatisNet/depatisnet?action=pdf&docid=DE0000020038 79A&xxxfull=1, abgerufen am 29.5.2025.

- *eine Saatgutausbringungsvorrichtung (27) zur Aufnahme von Saatgut, wobei die Saatgutausbringungsvorrichtung (27) und die Vorrichtung zum Schneiden (38) eine Wand gemeinsam haben.*"[26]

Das hinzugenommene Merkmal, dass „die Saatgutausbringungsvorrichtung (27) und die Vorrichtung zum Schneiden (38) eine Wand gemeinsam haben." kann der eigenen Offenlegungsschrift im Paragraphen [0020] entnommen werden.

Durch dieses Merkmal wurde die Ausführungsform nach Abb. 7.12 der eigenen Patentanmeldung beansprucht, bei der die Saatgutausbringungsvorrichtung 27 direkt hinter dem Schneidwerk 38 angeordnet ist, wodurch die Sicht von der Fahrerkabine 6 nicht durch einen Behälter für Saatgut eingeschränkt ist, wie dies bei den Dokumenten des Stands der Technik durch den Behälter 5 der DE3644767 bzw. den Behälter 16 der US20160212931A1 der Fall ist.

In der Abb. 7.12 ist die besondere erfinderische Ausführungsform gezeigt, bei der die Saatgutausbringungsvorrichtung 27 direkt hinter dem Schneidwerk 38 angeordnet ist und mit diesem eine gemeinsame Wand aufweist, sodass der Fahrer freie Sicht nach vorne hat.

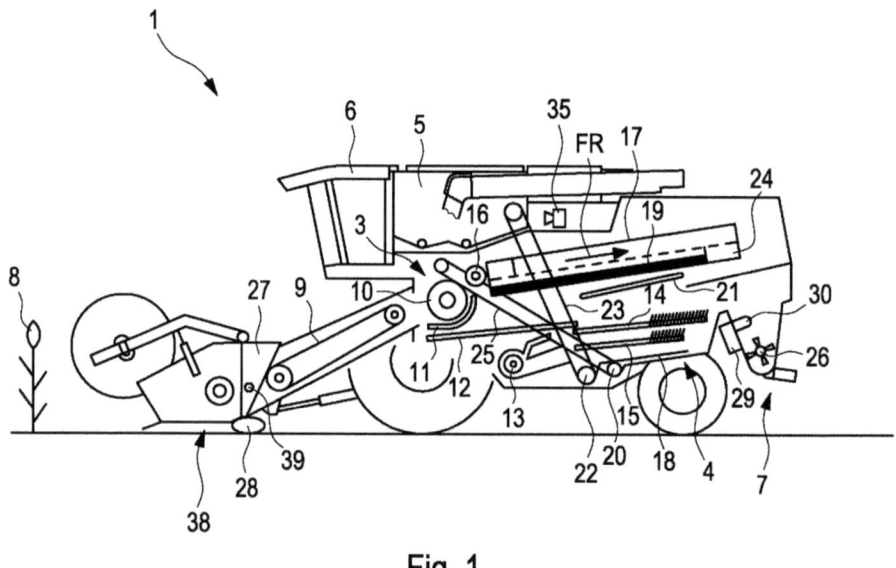

Abb. 7.12 Fig. 1 der DE102020130169B4[27]

---

[26] DPMA, https://depatisnet.dpma.de/DepatisNet/depatisnet?action=pdf&docid=DE102020130169B4&xxxfull=1, abgerufen am 4.12.2024.

[27] DPMA, https://depatisnet.dpma.de/DepatisNet/depatisnet?action=pdf&docid=DE102020130169B4&xxxfull=1, abgerufen am 29.5.2025.

7.8 Beispiel 4: Düngevorrichtung im Mähdrescher

Die DE 10 2020 005 450 beansprucht in der Patentanmeldung ein Arbeitsverfahren zur effizienten Bewirtschaftung landwirtschaftlicher Nutzflächen.
Der ursprüngliche Hauptanspruch lautete:

1. *„Arbeitsverfahren für einen Mähdrescher (1), aufweisend die Schritte:*
   - *Bereitstellen einer Behältereinrichtung (27) für Saatgut (32), einer Saatgutaustragsvorrichtung (28), einer Behältereinrichtung (29) für*
     Flüssigdünger (34) und einer Düngerausgabeeinrichtung (30) an dem Mähdrescher (1), ferner
   - *Durchführung während einer einzigen Fahrt der Schritte:*
     Schneiden von Feldfrüchten mittels eines Schneidwerks (2),
     Aussähen des Saatguts (32) mittels der Saatgutaustragsvorrichtung (28),
     Benetzen von Häckselgut (31) und/oder des ausgesäten Saatguts (32)
       mit Flüssigdünger (34) mittels der Düngerausgabeeinrichtung (30) und
     Verteilen des Häckselguts (31) mittels eines Verteilers (7) auf dem ausgesäten
     Saatgut (32)."[28]

Die ursprüngliche Aufgabe der Erfindung war es, ein Austrocknen des Ackerbodens zu verhindern. Nach dem Ernten der Feldfrüchte wird das abgeschnittene Wurzelwerk der abgeernteten Feldfrüchte zusammen mit eventuell noch aufliegendem Häckselgut unterpflügt, wodurch die oberste Ackerbodenschicht einer Austrocknung und Winderosion schutzlos überlassen ist.

Das Patentamt konnte insbesondere die Entgegenhaltung DE 36 44 767 als relevanten Stand der Technik ermitteln, die das Arbeitsverfahren des ursprünglichen Hauptanspruchs neuheitsschädlich vorweg nimmt.[29] Der Gegenstand des Hauptanspruchs war daher nicht neu.

Allerdings enthielt der Anspruchssatz der eigenen Patentanmeldung einen unabhängigen Vorrichtungsanspruch, der lautete:

7. *„Mähdrescher (1), aufweisend*
   - *eine Behältereinrichtung (27) für Saatgut (32),*
   - *eine mit der Behältereinrichtung verbundene Saatgutaustragsvorrichtung (28),*
   - *eine Behältereinrichtung (29) für Flüssigdünger (34) und*
   - *eine mit der Behältereinrichtung (29) für Flüssigdünger verbundene Düngerausgabeeinrichtung (30), wobei die*

---

[28] DPMA, https://depatisnet.dpma.de/DepatisNet/depatisnet?action=pdf&docid=DE1020200054 50A1&xxxfull=1, abgerufen am 14.10.2024.
[29] DPMA, https://depatisnet.dpma.de/DepatisNet/depatisnet?action=pdf&docid=DE0000036447 67A1&xxxfull=1, abgerufen am 2.1.2025.

Saatgutaustragsvorrichtung zur Aussaat des Saatguts während der Fahrt des Mähdreschers (1) und während des Drusches geeignet ist,

wobei die Düngerausgabeeinrichtung geeignet ist, das von dem Mähdrescher erzeugte Häckselgut (31) vor dem Verteilen auf dem ausgesäten Saatgut mit Flüssigdünger zu benetzen."[30]

"Drusch" ist ein anderer Begriff für "Dreschen". In diesem Anspruch ist eine Düngerausgabeeinrichtung beschrieben, die derart ausgebildet ist, dass in der Düngerausgabeeinrichtung das vom Mähdrescher erzeugte Häckselgut mit Flüssigdünger vermengt und dann auf das ausgesäte Saatgut geworfen wird. Dieses Merkmal konnte dem Stand der Technik nicht entnommen werden.

Durch dieses Merkmal findet eine gute Durchtränkung des Häckselguts mit Dünger statt, wodurch das Saatgut sehr gut und gleichmäßig gedüngt wird und die Grundlage für ein gutes Wachstum des Saatguts gelegt wird.

Eine der Erfindung sehr nahe Aufgabenstellung wäre „das optimale Düngen des Saatguts". Eine etwas weiter abliegende Aufgabenstellung ist „das Wachstum des Saatguts zu befördern", was natürlich auch durch andere Maßnahmen als nur durch Düngen gelingen kann.

Entsprechend wurde die Aufgabe abgeändert in:

Die objektive technische Aufgabe ist es, einen Mähdrescher zur Verfügung zu stellen, der einen hohen Ertrag an Feldfrüchten sicherstellt.

7.9 Beispiel 5: Einkaufswagen mit Objekthalterung

Die Patentanmeldung WO 2021/160772 (EP 21705479) beansprucht eine Objekthalterung an einem Einkaufswagen. Der zunächst eingereichte Hauptanspruch lautete:

1. *„Schiebegriffeinheit (5) eines Einkaufswagens (3) mit wenigstens einem ersten und einem zweiten Endstück (10), wobei an zumindest einem Endstück (10) eine freistehende, aufragende Greifeinheit (11) angeordnet ist, wobei die Greifeinheit (11) eine Objekthalterung (6) zur Aufnahme für wenigstens einen Getränkebecher und/oder einen Scanner (1) und/oder eine Lupe zur Vergrößerung von Schrift auf einer Verpackung und/oder eine Griffkappe und/oder ein Smartphone (2) ausgebildet ist."*[31]

---

[30] DPMA, https://depatisnet.dpma.de/DepatisNet/depatisnet?action=pdf&docid=DE102020005450A1&xxxfull=1, abgerufen am 14.10.2024.

[31] EPA, https://register.epo.org/application?documentId=E5VCPJ3P3409DSU&number=EP21705479&lng=de&npl=false, abgerufen am 18.10.2024.

7.10 Beispiel 6: Schiebegriff eines Einkaufswagens   91

Die erfindungsgemäße Objekthalterung an dem Einkaufswagen soll für unterschiedliche Anwendungen geeignet sein, und zwar zum Halten eines Getränkebechers, eines Scanners, einer Lupe und eines Smartphones. Wird die Aufnahme der Objekthalterung nicht benötigt, kann sie durch eine Kappe geschlossen werden.

Die in der Patentanmeldung beschriebene Aufgabe lautete:

„*Eine Aufgabe der Erfindung ist es daher, einen Scanner für einen Einkaufswagen zur Verfügung zu stellen, mit dem ein Nachrüsten eines konventionellen Einkaufswagens schnell und günstig erfolgen kann.*"[32]

Die zunächst formulierte Aufgabe stellte darauf ab, dass durch die Objekthalterung ein Scanner aufgenommen wird und mit diesem die Waren vom Kunden selbstständig eingescannt werden. Hierdurch kann der Bezahlvorgang beschleunigt werden und der Supermarkt benötigt weniger Personal.

Die Abb. 7.13 zeigt die Objekthalterung 6 an einem Einkaufswagen 3, in den ein Scanner oder ein Kaffeebecher eingeführt werden kann.

In diesem Fall wurde bedauerlicherweise von der Anmelderin selbst zuvor eine ähnliche Patentanmeldung eingereicht, bei der die Fig. 3 der Abb. 7.13 dargestellt wurde. Es war daher erforderlich, einen neuen Hauptanspruch zu formulieren:

1. „*Schiebegriffeinheit (5) eines Einkaufswagens (3) mit wenigstens einem ersten und einem zweiten Endstück (10), wobei an zumindest einem Endstück (10) eine freistehende, aufragende Greifeinheit (11) angeordnet ist, wobei die Greifeinheit (11) eine Objekthalterung (6) zur Aufnahme einer Lupe zur Vergrößerung von Schrift auf einer Verpackung und ein Smartphone (2) ausgebildet ist, dadurch gekennzeichnet, dass das Smartphone (2) an die Objekthalterung (6) anschließbar ist und damit als mobiler Scanner verwendbar ist.*"[33]

Durch die erfinderischen Merkmale der Anschlussmöglichkeit eines Smartphones an die Objekthalterung kann das Smartphone des Kunden als Scanner genutzt werden. Die technische Aufgabe war daher, eine Verwendungsmöglichkeit eines Smartphones bei einem Einkaufsvorgang zu ermöglichen, wobei die Objekthalterung die geeigneten Anschlussmöglichkeiten aufweist.

7.10 Beispiel 6: Schiebegriff eines Einkaufswagens

In der WO 2022/089792 A1 wird ein Schiebegriff eines Einkaufswagens beschrieben, der aus einem Griffbügel und zwei Griffkappen zusammengesetzt ist, wobei zwischen Griffkappen und Griffbügel eine lösbare Verbindung durch ein Einclipsen ermöglicht

---

[32] EPA, https://register.epo.org/application?documentId=E5VCPJLR6714DSU&number=EP21705479&lng=de&npl=false, abgerufen am 19.10.2024.
[33] DPMA, https://depatisnet.dpma.de/DepatisNet/depatisnet?action=pdf&docid=EP000004041614B1&xxxfull=1, abgerufen am 31.5.2025.

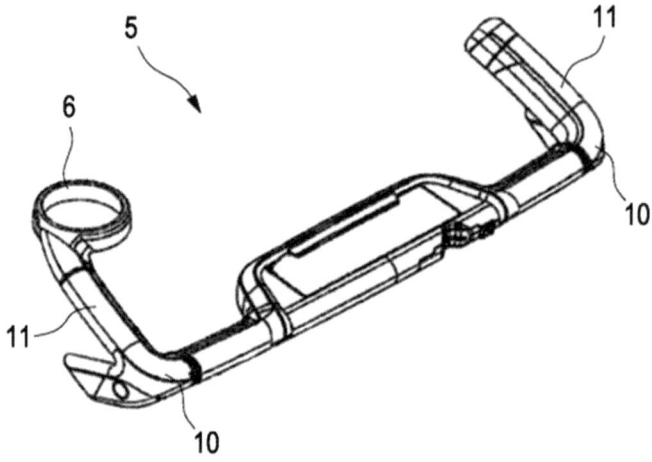

Fig. 3

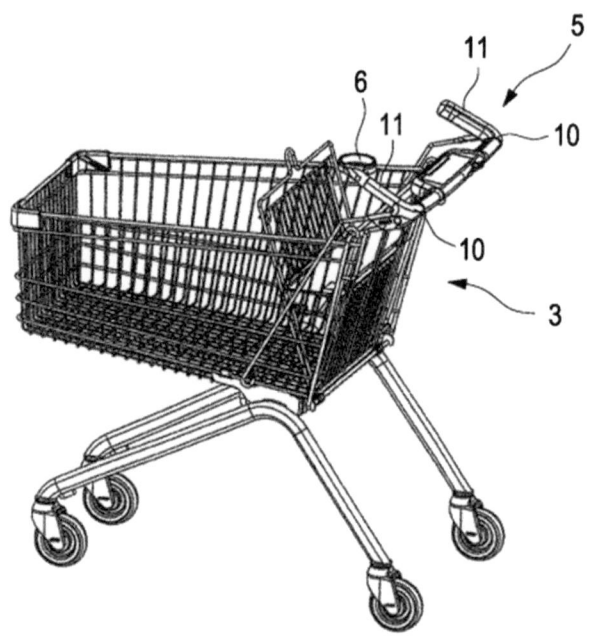

Fig. 4

Abb. 7.13 Fig. 3 und 4 der EP21705479[34]

---

[34] EPA, https://register.epo.org/application?number=EP21705479, abgerufen am 29.5.2025.

7.10 Beispiel 6: Schiebegriff eines Einkaufswagens

Fig. 8

Abb. 7.14 Fig. 8 der WO2022089792A1[36]

wird. Der Vorteil dieser Konstruktion ist die schnelle Montage des Schiebegriffs an einen Einkaufswagen, sodass eine kostengünstige Herstellung ermöglicht wird.

In der Anmeldung steht als technische Aufgabe:

„*Typischerweise werden die Griffkappen an den Griffbügel geschraubt. Eine Montage einer Schiebegriffeinheit ist daher zeitaufwändig.*

Eine Aufgabe der Erfindung ist daher, eine Griffkappe, eine Schiebegriffeinheit und einen Einkaufswagen zur Verfügung zu stellen, sodass die Montage einer Griffkappe an einen Griffbügel zeitlich schnell vorgenommen werden kann."[35]

In der Abb. 7.14 ist ein Einkaufswagen mit einem erfindungsgemäßen Griffbügel 6 und Griffkappen 2 dargestellt.

---

[35] DPMA, https://depatisnet.dpma.de/DepatisNet/depatisnet?action=pdf&docid=WO0020220897 92A1&xxxfull=1, abgerufen am 2.12.2024.
[36] DPMA, https://depatisnet.dpma.de/DepatisNet/depatisnet?action=pdf&docid=WO0020220897 92A1&xxxfull=1, abgerufen am 29.5.2025.

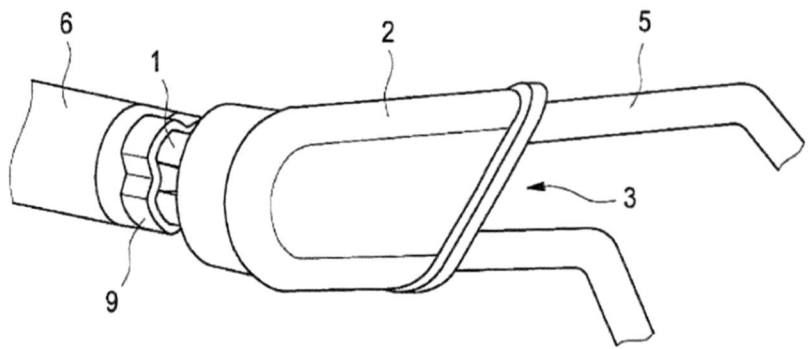

Fig. 10

Abb. 7.15 Fig. 10 der WO2022089792A1[37]

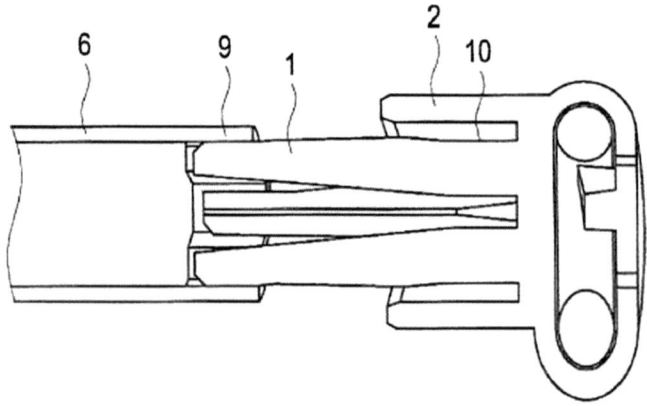

Fig. 13

Abb. 7.16 Fig. 13 der WO2022089792A1[38]

In der Abb. 7.15 erkennt man die Griffkappe 2, die mit dem Griffbügel 6 mittels Federelementen 1 in die Drahtschlaufe 5 des Einkaufswagens eingreift und hierdurch erfindungsgemäß eine lösbare Verbindung erzeugt.

---

[37] DPMA, https://depatisnet.dpma.de/DepatisNet/depatisnet?action=pdf&docid=WO0020220897 92A1&xxxfull=1, abgerufen am 29.5.2025.

[38] DPMA, https://depatisnet.dpma.de/DepatisNet/depatisnet?action=pdf&docid=WO0020220897 92A1&xxxfull=1, abgerufen am 29.5.2025.

7.10 Beispiel 6: Schiebegriff eines Einkaufswagens

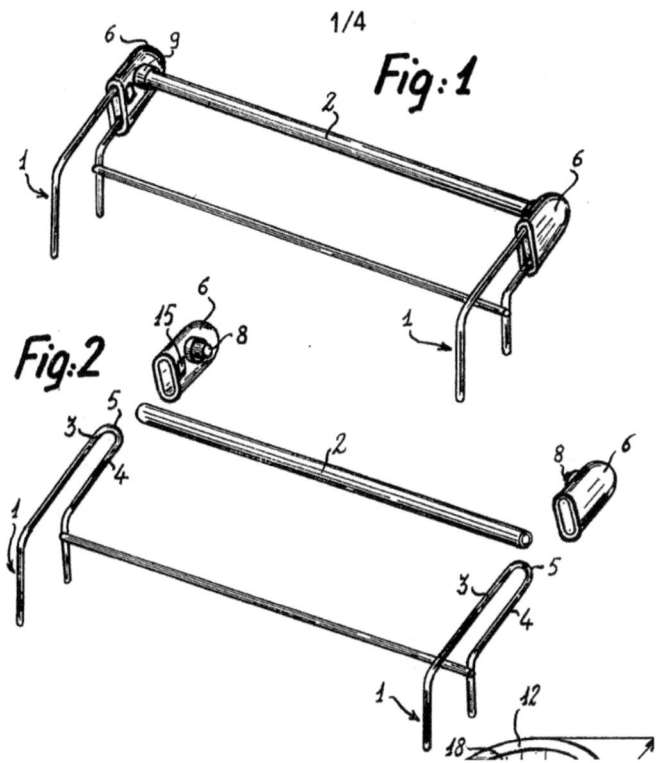

Abb. 7.17 Fig. 1 und 2 der GB2014527A[40]

Die Abb. 7.16 zeigt die Federelemente 1 der Griffkappe 2, die die Verbindung mit dem Griffbügel 6 herstellen.

Das Europäische Patentamt ermittelte die Entgegenhaltungen GB 2014527 A, DE 3044581 A1 und DE 19830297 A1 als relevanten Stand der Technik.

In der Abb. 7.17 werden die Griffkappen 6 und der Griffbügel 2 der Entgegenhaltung GB 2014527 dargestellt, die ebenfalls zusammensteckbar ausgebildet sind.[39]

In der Abb 7.18 ist dargestellt, dass ein Bolzen 8 in die Griffkappe 6 eingreift und damit mittels der Drahtschlaufe eine lösbare Verbindung herstellt.

---

[39] DPMA, https://depatisnet.dpma.de/DepatisNet/depatisnet?action=pdf&docid=GB000002014527A&xxxfull=1, abgerufen am 2.1.2025.

[40] DPMA, https://depatisnet.dpma.de/DepatisNet/depatisnet?action=pdf&docid=GB000002014527A&xxxfull=1, abgerufen am 29.5.2025.

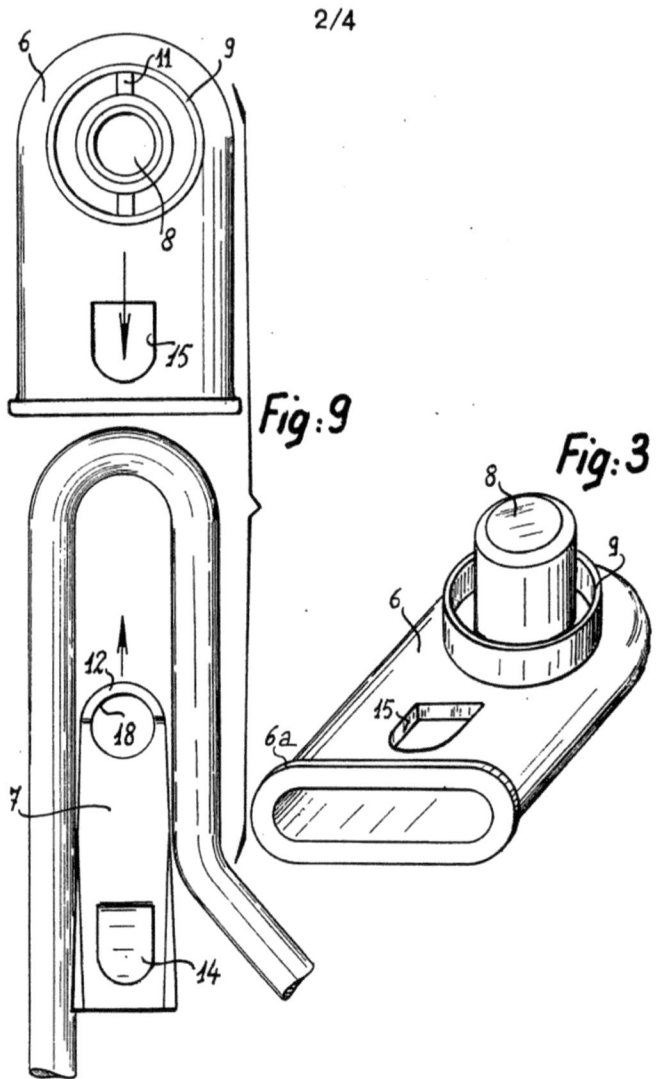

Abb. 7.18 Fig. 3 und 9 der GB2014527A[41]

---

[41] DPMA, https://depatisnet.dpma.de/DepatisNet/depatisnet?action=pdf&docid=GB000002014527A&xxxfull=1, abgerufen am 29.5.2025.

7.10 Beispiel 6: Schiebegriff eines Einkaufswagens

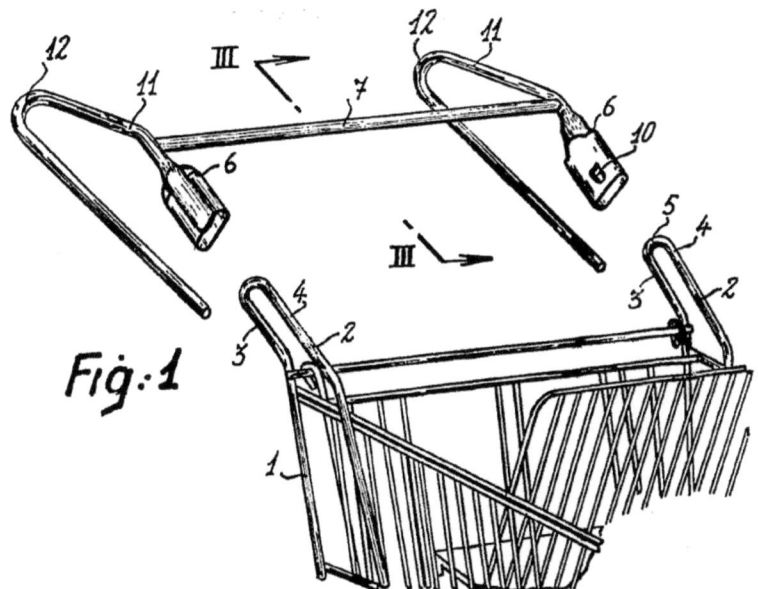

Abb. 7.19 Fig. 1 der DE3044581A1[43]

Die zweite Entgegenhaltung DE 3044581 A1 zeigt einen Einkaufswagen mit einem Schiebegriff 7, wobei die technische Lehre des Dokuments die Verbindung der kompletten Schiebegriffeinheit 7 mit dem Einkaufswagen beschreibt.[42]

Die Abb. 7.19 zeigt die technische Lehre der Entgegenhaltung DE 3044581 A1, die sich mit der Verbindung der Schiebegriffeinheit 7 mit dem Einkaufswagen befasst und nicht mit der Verbindung von Griffkappe 6 und Griffbügel 7. Dieses Dokument ist daher irrelevant.

Die dritte Entgegenhaltung DE 198 30 297 A1 beschreibt die Verbindung einer Griffkappe mit einem Griffbügel, wobei ein Vorsprung der Griffkappe in eine komplementäre Ausnehmung des Griffbügels einführbar ist.[44]

In der Abb. 7.20 ist eine Griffkappe 11 der Entgegenhaltung DE 198 30 297 A1 dargestellt, die eine lösbare Verbindung mit einem Griffbügel 2 ermöglicht.

Die Aufgabe, die sich die Erfindung gestellt hat, wurde daher im Stand der Technik bereits in der Weise gelöst, die durch die eigene technische Lehre beschrieben wird. Es war daher erforderlich, eine neue Aufgabe zu formulieren, um zu einer technischen Lehre

---

[42] DPMA, https://depatisnet.dpma.de/DepatisNet/depatisnet?action=pdf&docid=DE0000030445 81A1&xxxfull=1, abgerufen am 2.1.2025.

[43] DPMA, https://depatisnet.dpma.de/DepatisNet/depatisnet?action=pdf&docid=DE0000030445 81A1&xxxfull=1, abgerufen am 29.5.2025.

[44] DPMA, https://depatisnet.dpma.de/DepatisNet/depatisnet?action=pdf&docid=DE0000198302 97A1&xxxfull=1, abgerufen am 2.1.2025.

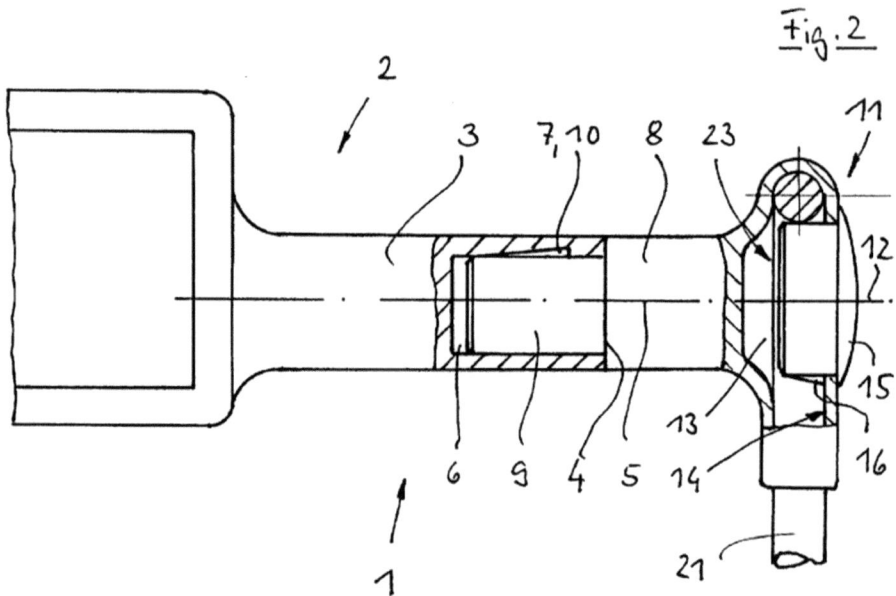

Abb. 7.20 Fig. 2 der DE19830297A1[45]

zu gelangen, die nicht im Stand der Technik enthalten ist und nicht von diesem nahegelegt wird.

Zur Abgrenzung zum Stand der Technik konnte das Merkmal verwendet werden, dass mehrere Federelemente in eine Drahtschlaufe eingreifen und dadurch die lösbare Verbindung herstellen.

Die Abb. 7.21 zeigt mehrere Federelemente 1 der Griffkappe 2 der eigenen Erfindung, die in eine Drahtschlaufe des Griffbügels eingeclipst werden, um eine lösbare Verbindung zwischen Griffbügel und Griffkappe 2 zu erzeugen. Hierdurch ergibt sich eine lösbare Verbindung, die auf der einen Seite der Verbindung nur ein Element, nämlich die Drahtschlaufe, und auf der anderen Seite mehrere Elemente, nämlich die Federelemente 1, aufweist. Durch diese besondere Ausführungsform der lösbaren Verbindung kann eine sehr kompakte Verbindung zur Verfügung gestellt werden, wobei auf der einen Seite der Verbindung mehrere Elemente beteiligt sind, sodass zumindest auf dieser Seite eine sehr stabile Verbindung ermöglicht wird.

Die neue objektive technische Aufgabe war daher, eine lösbare Verbindung einer Griffkappe mit einem Griffbügel eines Einkaufswagens zur Verfügung zu stellen, die kompakt ist und zumindest auf einer Seite der Verbindung mechanisch sehr stabil ausgeführt ist.

Der neue Hauptanspruch der eigenen Patentanmeldung lautete:

---

[45] DPMA, https://depatisnet.dpma.de/DepatisNet/depatisnet?action=pdf&docid=DE000019830297A1&xxxfull=1, abgerufen am 29.5.2025.

7.10 Beispiel 6: Schiebegriff eines Einkaufswagens

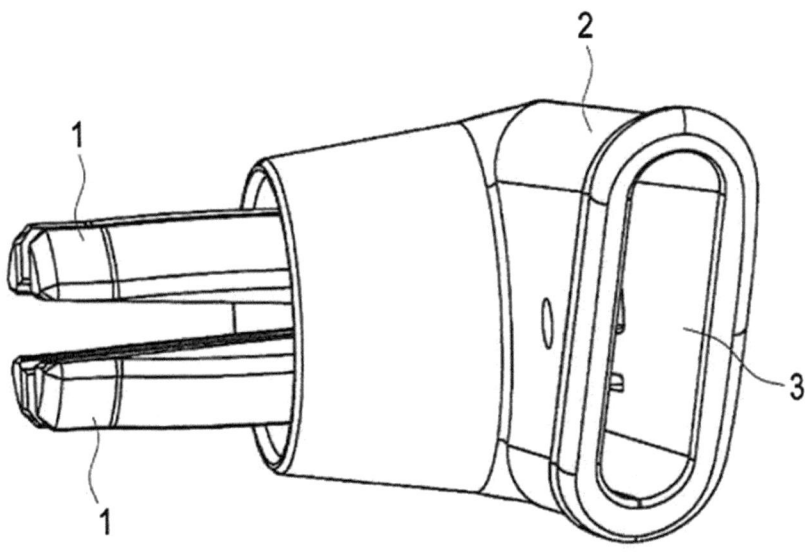

Fig. 1

Abb. 7.21 Fig. 1 der WO2022089792A1[46]

1. „*Schiebegriffeinheit (2, 6) zum Anordnen an einen Einkaufswagen, umfassend einen Griffbügel (6) und eine Griffkappe (2) als seitlicher Abschluss der Schiebegriffeinheit des Einkaufswagens, die die Verbindung des Griffbügels (6) mit dem Einkaufswagen herstellt, wobei die Griffkappe (2) ein erstes Element aufweist, das mit einem zweiten Element des Griffbügels (6) eine lösbare oder unlösbare Verbindung ermöglicht, dadurch gekennzeichnet, dass das erste Element 2, 3, 4, 5 oder beliebig viele Federelemente (1) aufweist und das zweite Element eine Drahtschlaufe ist oder wobei das erste Element eine Drahtschlaufe ist und das zweite Element 2, 3, 4, 5 oder beliebig viele Federelemente (1) aufweist.*"[47]

---

[46] DPMA, https://depatisnet.dpma.de/DepatisNet/depatisnet?action=pdf&docid=WO0020220897 92A1&xxxfull=1, abgerufen am 29.5.2025.
[47] EPA, https://register.epo.org/application?number=EP21740503&lng=en&tab=doclist, abgerufen am 3.12.2024.

7.11 Beispiel 7: Verriegelungsvorrichtung für einen Einkaufswagen

Münzpfandsysteme, in die beispielsweise eine 1-Euro-Münze eingelegt werden, um einen Einkaufswagen aus einer Verkettung zu lösen, haben sich allgemein durchgesetzt. Das Dokument WO 2023/006962 (EP22760679, EP4377863) beschreibt ein Münzpfandsystem für einen Einkaufswagen, wobei der Kunde nicht nur mit einem Münzstück einen Einkaufswagen auslösen kann, sondern alternativ mit einem Signal eines Smartphones. Es wird daher eine hybride Verriegelungsvorrichtung für einen Einkaufswagen zur Verfügung gestellt.

Die Aufgabenstellung der Erfindung war zunächst:

„*Eine Aufgabe der Erfindung ist es daher, eine Vorrichtung und ein Verfahren zur Verfügung zu stellen, das eine weitere Möglichkeit zum Herauslösen eines Einkaufswagens aus einer Verkettung von Einkaufswagen zur Verfügung stellt bzw. eine alternative Möglichkeit anbietet, um ohne das Bereitstellen eines Pfands einen Einkaufswagen aus einem Pulk von Einkaufswagen herauszulösen.*"[48]

Die Aufgabe wurde mit dem folgenden Hauptanspruch erfüllt:

1. „*Hybride Verriegelungsvorrichtung (11) eines Transportwagens (22), insbesondere eines Einkaufswagens, zum lösbaren Verbinden mit einem Schlüssel (3) eines weiteren Transportwagens (22), wobei die Verriegelungsvorrichtung (11) zur zumindest teilweisen Aufnahme des Schlüssels (3) geeignet ist,*
   dadurch gekennzeichnet, dass
   die Verriegelungsvorrichtung (11) einen aufgenommenen Schlüssel (3) durch die Eingabe einer Münze (9) und/oder durch ein elektrisches oder elektromagnetisches Signal freigibt."[49]

Die Abb. 7.22 zeigt die erfinderische Verriegelungsvorrichtung mit einer eingelegten Münze 9, die von Greifarmen ergriffen wird, wenn der Schlüssel bzw. der Pin 3 aus der Verriegelungsvorrichtung entnommen wird.[50]

Das Patentamt recherchierte die Entgegenhaltungen DE 10 2017 001 920 A1, AU 2010 100 636 A4 und CN 108 824 997 A.

---

[48] EPA, https://register.epo.org/application?number=EP22760679&lng=de&tab=doclist, abgerufen am 4.12.2024.
[49] EPA, https://register.epo.org/application?number=EP22760679&lng=de&tab=doclist, abgerufen am 4.12.2024.
[50] EPA, https://register.epo.org/application?documentId=L66E9935VEBEQOJ&number=EP22760679&lng=de&npl=false, abgerufen am 5.12.2024.

7.11 Beispiel 7: Verriegelungsvorrichtung für einen Einkaufswagen

Abb. 7.22 Fig. 6 der WO2023/006962[51]

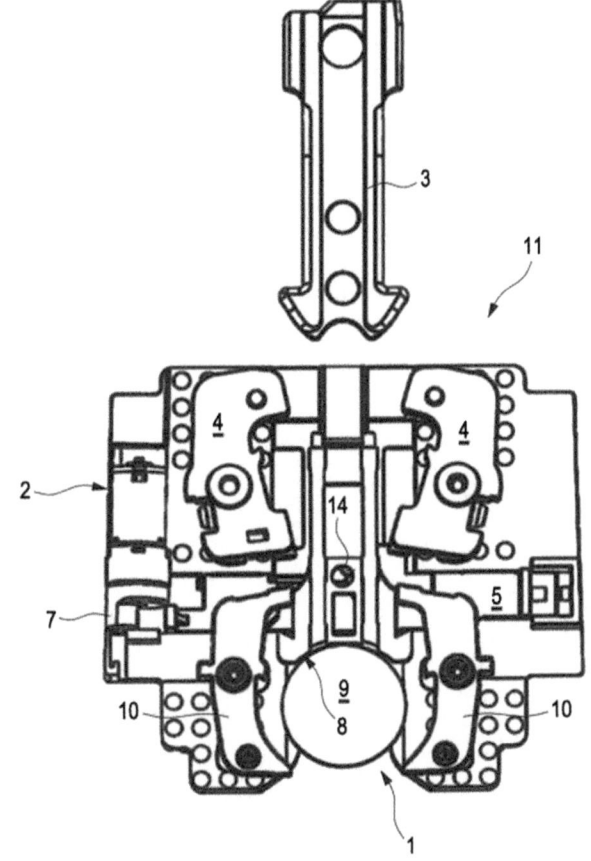

Fig. 6

Die Abb. 7.23 zeigt ein Verriegelungssystem der Entgegenhaltung DE 10 2017 001 920 A1 mit einem Smartphone 3, mit dem ein Einkaufswagen entriegelt wird.[52]

Die Abb. 7.24 zeigt ein konventionelles Münzpfandsystem gemäß der Entgegenhaltung AU 2010100636 A4, bei dem mit dem Einführen einer Münze 2 in die Verriegelungsvorrichtung der Schlüssel bzw. der Pin 3 ausgelöst wird.[53]

---

[51] DPMA, https://depatisnet.dpma.de/DepatisNet/depatisnet?action=pdf&docid=WO0020230069 62A1&xxxfull=1, abgerufen am 29.5.2025.

[52] DPMA, https://depatisnet.dpma.de/DepatisNet/depatisnet?action=pdf&docid=DE1020170019 20A1&xxxfull=1, abgerufen am 2.1.2025.

[53] DPMA, https://depatisnet.dpma.de/DepatisNet/depatisnet?action=pdf&docid=AU0020101006 36A4&xxxfull=1, abgerufen am 2.1.2025.

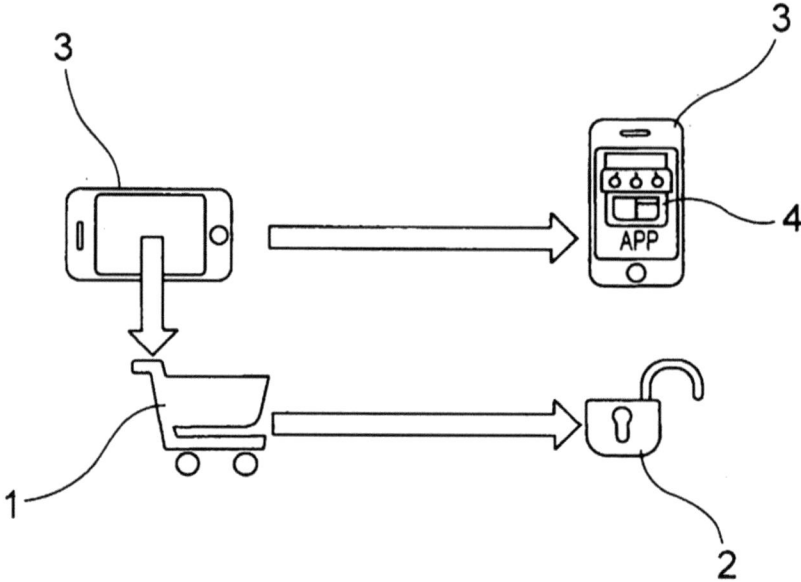

Abb. 7.23 Figur der DE102017001920A1[54]

Die Entgegenhaltung CN 108 824 997 A zeigt eine hybride Vorrichtung, bei der sowohl mit einer Münze als auch mit einem elektromagnetischen Signal, das von einem Smartphone stammt, der Schlüssel 120 entriegelt wird.

Die Fig. 7.25 zeigt eine Verriegelungsvorrichtung 110 mit einer Aufnahme für eine Münze 112 der Entgegenhaltung CN 108 824 997 A, um den Schlüssel 120 aus einer Verkettung von Einkaufswagen herauszulösen.[55]

Die Abb. 7.26 zeigt das Innenleben der Verriegelungsvorrichtung der Entgegenhaltung CN 108 824 997 A mit einer hybriden Vorrichtung, die sowohl durch das Einlegen einer Münze als auch durch ein Signal eines Smartphones den Schlüssel freigibt.

Die Entgegenhaltung CN 108 824 997 A zeigt daher einen Gegenstand, der dem Hauptanspruch der eigenen Patentanmeldung entspricht. Die CN 108824997 A weist allerdings ein bedeutsames Unterscheidungsmerkmal zu der eigenen Erfindung auf, und zwar wird bei der CN 108824997 A eine Aufnahme seitlich herausgefahren, in die eine Münze eingelegt werden kann und die wieder in die Vorrichtung eingedrückt werden muss. Hierdurch steht diese Aufnahme im unbenutzten Zustand ungeschützt hervor, wodurch eine Beschädigungsgefahr der Verriegelungsvorrichtung besteht.

---

[54] DPMA, https://depatisnet.dpma.de/DepatisNet/depatisnet?action=pdf&docid=DE1020170019 20A1&xxxfull=1, abgerufen am 29.5.2025.

[55] DPMA, https://depatisnet.dpma.de/DepatisNet/depatisnet?action=pdf&docid=CN0001088249 97A&xxxfull=1, abgerufen am 2.1.2025.

7.11 Beispiel 7: Verriegelungsvorrichtung für einen Einkaufswagen

Abb. 7.24 Fig. 1 der AU2010100636A4[56]

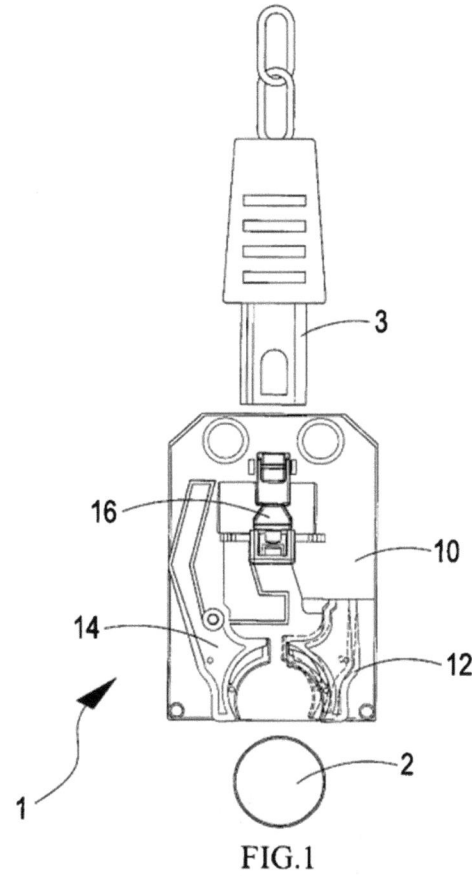

Die Verriegelungsvorrichtung nach der Entgegenhaltung AU 2010100636 A4 weist deutlich mehr strukturelle Ähnlichkeiten mit der vorliegenden Erfindung auf, da sie Greifarme aufweist, in die eine Münze eingeschoben wird, um den Schlüssel zu lösen. Die AU 2010100636 A4 kann daher dadurch zum nächstliegenden Stand der Technik gemacht werden, dass die Greifarme in den Hauptanspruch der eigenen Patentanmeldung aufgenommen werden. Außerdem ist der besondere Vorteil der Kompaktheit und die Verringerung der Beschädigungsgefahr durch mechanische Einflüsse zu beschreiben, um sich vom vorliegenden Stand der Technik abzugrenzen.

Die neue Aufgabe lautet daher:

---

[56] DPMA, https://depatisnet.dpma.de/DepatisNet/depatisnet?action=pdf&docid=AU0020101006 36A4&xxxfull=1, abgerufen am 29.5.2025.

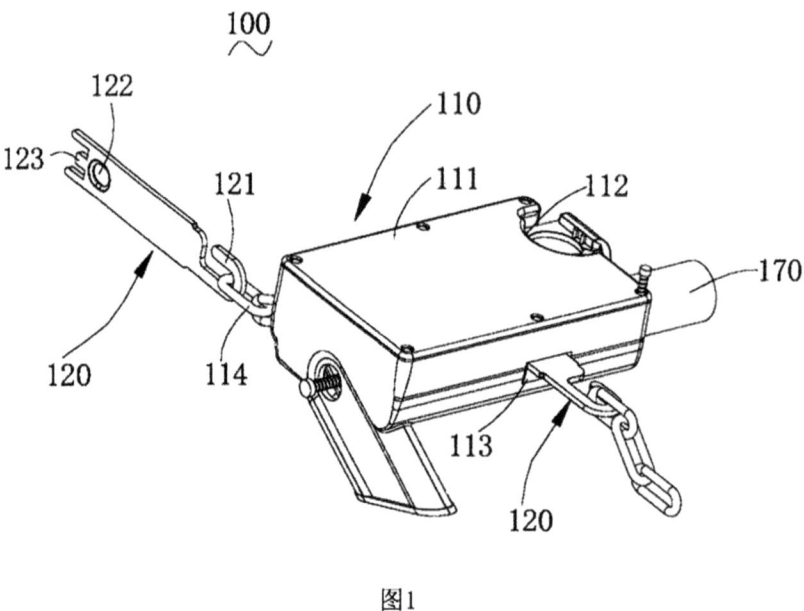

图1

Abb. 7.25 Fig. 1 der CN108824997A[57]

"Objektive technische Aufgabe ist daher, eine Verriegelungsvorrichtung für einen Einkaufswagen zur Verfügung zu stellen, die mechanisch durch eine Münzeingabe und durch eine weitere Variante, insbesondere ein Smartphone, angesteuert werden kann."[58]

Der neue Hauptanspruch nimmt die Greifarme der Vorrichtung als Merkmale mit auf. Außerdem wird der hybride Charakter durch weitere Merkmale der Ansteuerung mit dem Smartphone unterstrichen:

1. *"Hybride Verriegelungsvorrichtung (11) eines Transportwagens (22), insbesondere Einkaufswagens, zum lösbaren Verbinden mit einem Schlüssel (3) eines weiteren Transportwagens (22), wobei die Verriegelungsvorrichtung (11) zur zumindest teilweisen Aufnahme des Schlüssels (3) geeignet ist, wobei die Verriegelungsvorrichtung (11) einen aufgenommenen Schlüssel (3) durch die Eingabe einer Münze (9) oder durch ein elektrisches oder elektromagnetisches Signal freigibt, dadurch gekennzeichnet, dass die Verriegelungsvorrichtung umfasst:*

    zwei erste Greifarme (4) zum Verriegeln des Schlüssels (3),

---

[57] DPMA, https://depatisnet.dpma.de/DepatisNet/depatisnet?action=pdf&docid=CN000108824997A&xxxfull=1, abgerufen am 29.5.2025.

[58] EPA, https://register.epo.org/application?number=EP22760679&lng=de&tab=doclist, abgerufen am 5.12.2024.

7.11 Beispiel 7: Verriegelungsvorrichtung für einen Einkaufswagen 105

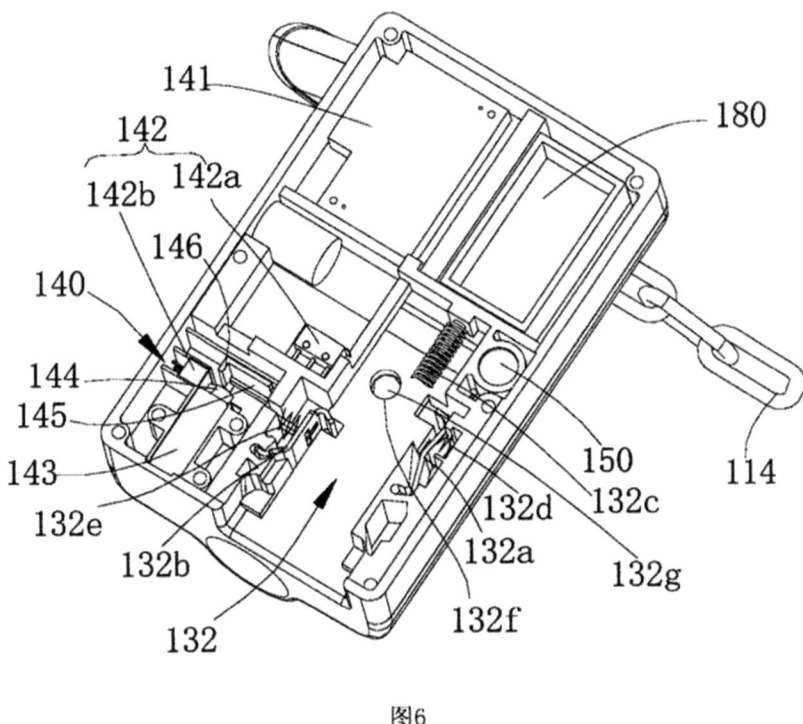

Abb. 7.26 Fig. 6 der CN108824997A[59]

zwei zweite Greifarme (10) zum Verriegeln der Münze (9), wobei das Einführen der Münze (9) in die Verriegelungsvorrichtung (11) zu einer Lösebewegung eines Schiebers (5) führt,
einen Elektromotor (2) und/oder einen Aktuator zum Antreiben einer Exzenterscheibe (7) zum Initiieren einer Lösebewegung des Schiebers (5) und eine Empfangseinheit zur Kommunikation mit einer Sendeeinheit, insbesondere einem Smartphone (18), über beispielsweise Bluetooth, Near Field Communication oder WLAN, wobei die Empfangseinheit den Motor (2) über das elektrische oder elektromagnetische Signal ansteuert, wobei

die Lösebewegung des Schiebers (5) zum Öffnen der Greifarme (4) und damit zum Freigeben des Schlüssels (3) führt, wobei die zwei ersten und die zwei zweiten Greifarme (4, 10) rotatorische Bewegungen ausführen."[60]

---
[59] DPMA, https://depatisnet.dpma.de/DepatisNet/depatisnet?action=pdf&docid=CN000108824997A&xxxfull=1, abgerufen am 29.5.2025.
[60] EPA, https://register.epo.org/application?documentId=M3O7RI32IAVKKJ5&number=EP22760679&lng=de&npl=false, abgerufen am 5.12.2024.

7.12 Beispiel 8: Kunststoffembleme

Es wurde eine Patentanmeldung auf dem technischen Gebiet der Befestigung von Emblemen an Taschen, Möbeln und Fahrzeugsitzen beim Patentamt eingereicht. Der relevante Stand der Technik war die Entgegenhaltung DE 10 2012 109 955 A1, die eine Emblembefestigung beschreibt, bei der das Emblem mit biegbaren Stiften an dem Trägerelement, beispielsweise eine Tasche oder ein Möbelstück, befestigt ist.[61]

Die Abb. 7.27 zeigt ein Emblem der Entgegenhaltung DE 10 2012 109 955 A1 mit Stiften 17, die durch das Trägerelement hindurch gestochen und von komplementären Elementen 14 in Nuten aufgenommen werden, sodass das Emblem an dem Trägerelement, der Tasche, dem Möbelstück oder dem Fahrzeugsitz, befestigt ist.[62]

Die Abb. 7.27, 7.28 und 7.29 zeigen Embleme 14 und 29 mit Stiften 28 der Entgegenhaltung, wobei die Stifte 28 durch das Trägerelement, die Tasche, das Möbelstück oder den Fahrzeugsitz hindurch gestochen werden und danach derart umgebogen werden, dass sie in die Nuten 27 einer Gegenplatte 26 aufgenommen werden.

Es bestand ein Bedarf, Embleme möglichst weitgehend vorzufertigen, sodass die Anordnung der besonderen Marke kurzfristig und flexibel erfolgen kann. Mit derartigen erfindungsgemäßen Vorrichtungen kann die betreffende Tasche, das Möbelstück oder der Autositz weitgehend fertiggestellt werden und eine Befestigung des konkreten Emblems mit der gewünschten Markenbezeichnung kurzfristig erfolgen.

Die objektive technische Aufgabe war daher, ein Trägersystem für ein Emblem zur Verfügung zu stellen, das weitgehend vormontiert ist, sodass die Fertigstellung flexibel und schnell erfolgen kann.

Die erarbeitete Erfindung wurde in dem eigenen Patent DE 10 2019 104 972 B3 beschrieben, wobei zunächst ein Trägersystem an der Tasche angeordnet wird, um kurz vor Auslieferung ein kundenspezifisches Emblem anzuordnen.

Die Abb. 7.30 zeigt die erfindungsgemäße Emblemhalterung, bei der ein Trägersystem mit einer vorderen Platte 1 und einer hinteren Platte 17 mit Elementen 11 und 10 an einer Tasche, einem Möbelstück oder einem Autositz befestigt werden, wobei zu einem späteren Zeitpunkt das Emblem 7 an der vorderen Platte durch eine Abdeckung 5 befestigt wird.[63]

---

[61] DPMA, https://depatisnet.dpma.de/DepatisNet/depatisnet?action=pdf&docid=DE1020121099 55A1&xxxfull=1, abgerufen am 28.12.2024.
[62] DPMA, https://depatisnet.dpma.de/DepatisNet/depatisnet?action=pdf&docid=DE1020121099 55A1&xxxfull=1, abgerufen am 28.12.2024.
[63] DPMA, https://depatisnet.dpma.de/DepatisNet/depatisnet?window=1&space=main&content= captcha&action=pdf&docid=DE102019104972B3&xxxfull=1, abgerufen am 28.12.2024.

7.12 Beispiel 8: Kunststoffembleme

Abb. 7.27 Fig. 6, 7 und 8 der DE102012109955A1[64]

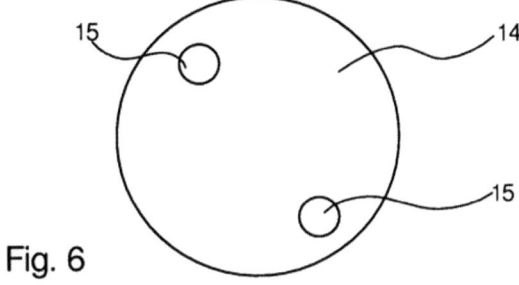

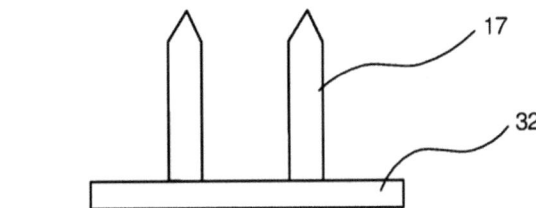

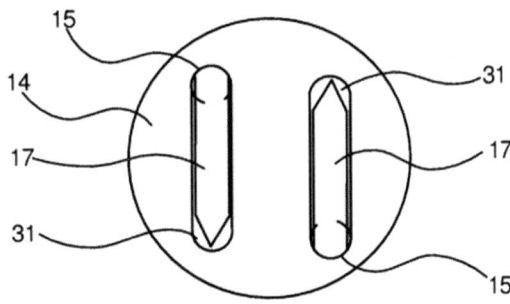

---

[64] DPMA, https://depatisnet.dpma.de/DepatisNet/depatisnet?action=pdf&docid=DE1020121099 55A1&xxxfull=1, abgerufen am 29.5.2025.

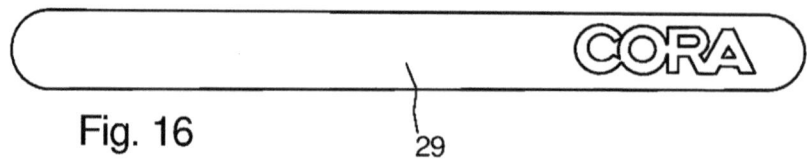

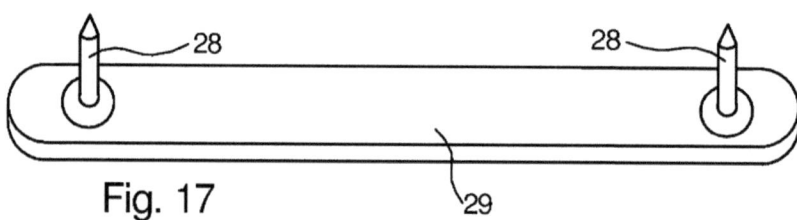

Abb. 7.28 Fig. 16 und 17 der DE102012109955A1[65]

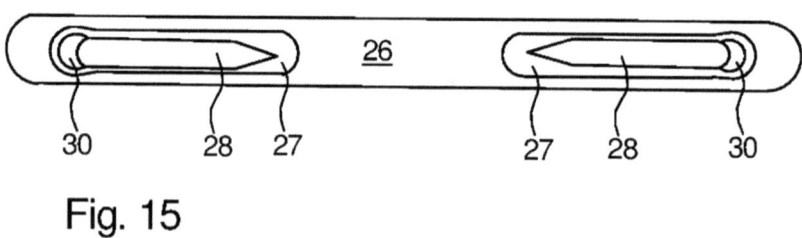

Abb. 7.29 Fig. 15 der DE102012109955A1[66]

7.13 Beispiel 9: Physiotherapeutisches Gerät zur Rehabilitation

Das eigene Patent EP 18778844.3 (DE 10 2017 122 295 A1) beschreibt ein physiotherapeutisches Gerät, mit dem Menschen nach einer Schädigung des Gehirns Bewegungsabläufe neu erlernen können.

Der zuerst eingereichte Hauptanspruch lautete:

---

[65] DPMA, https://depatisnet.dpma.de/DepatisNet/depatisnet?action=pdf&docid=DE1020121099 55A1&xxxfull=1, abgerufen am 29.5.2025.
[66] DPMA, https://depatisnet.dpma.de/DepatisNet/depatisnet?action=pdf&docid=DE1020121099 55A1&xxxfull=1, abgerufen am 29.5.2025.

7.13 Beispiel 9: Physiotherapeutisches Gerät zur Rehabilitation

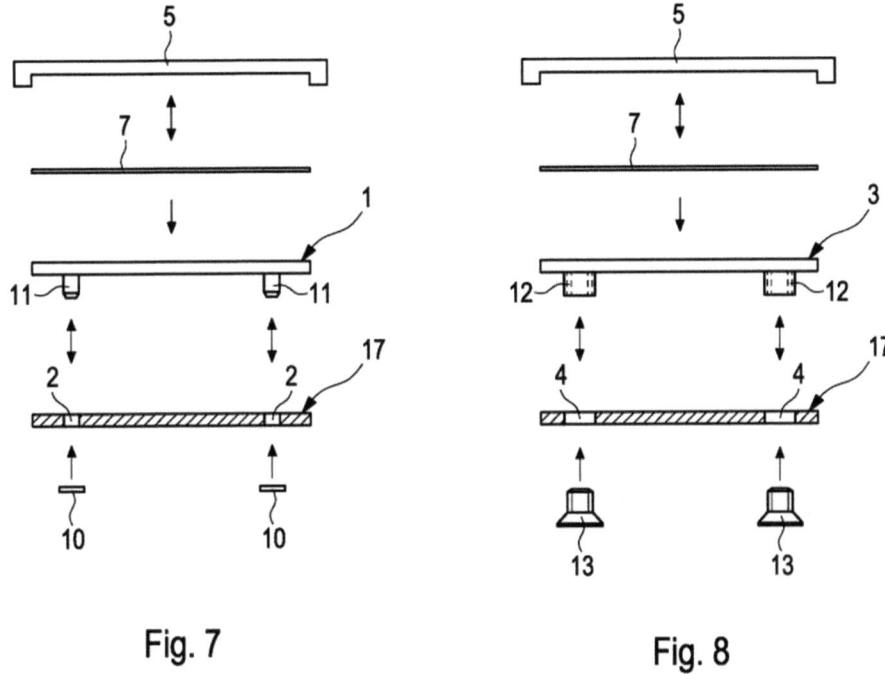

Abb. 7.30 Fig. 7 und 8 der DE102019104972B3[67]

1. *„Physiotherapeutische Vorrichtung zur Behandlung eines Patienten durch körperliche Bewegung umfassend:*
   einen Armtrainer (2) zur rotatorischen Bewegung der Arme des Patienten mit einer ersten Achse und
   einen Beintrainer (1) zur rotatorischen Bewegung der Beine des Patienten mit einer zweiten Achse, wobei die erste und die zweite Achse eine Höhenverstellbarkeit aufweisen,
   dadurch gekennzeichnet, dass
   der Abstand der ersten Achse zu der zweiten Achse konstant ist."[68]

In der Beschreibung wird erläutert:
   „Physiotherapeutische Geräte dienen der Rehabilitation erkrankter Menschen. Vorteilhafterweise zeichnen sich derartige Geräte dadurch aus, dass mit einem derartigen Gerät unterschiedliche Körperpartien trainiert werden können. Außerdem sollte die Bedienbarkeit

---

[67] DPMA, https://depatisnet.dpma.de/DepatisNet/depatisnet?action=pdf&docid=DE1020191049 72B3&xxxfull=1, abgerufen am 29.5.2025.
[68] DPMA, https://depatisnet.dpma.de/DepatisNet/depatisnet?action=pdf&docid=DE1020171222 95A1&xxxfull=1, abgerufen am 19.10.2024.

einfach sein, damit das Gerät von dem Patienten selbst bedient bzw. verstellt werden kann bzw. dass eine ausgebildete Fachkraft, etwa eine Krankenschwester oder ein Pfleger, das Gerät bzw. die Vorrichtung schnell umrüsten kann."[69]

Daraus folgte die technische Aufgabe:

„*Eine Aufgabe ist daher, eine Vorrichtung zur Verfügung zu stellen, die sich durch eine hohe Variabilität und einfache Bedienbarkeit auszeichnet.*"[70]

Das deutsche Patentamt ermittelte die Entgegenhaltungen US 2016/0206915 A1 und die US 5785631, die beide einen Arm- und Beintrainer zeigen.

Die Abb. 7.31 zeigt den Arm- und Beintrainer der Entgegenhaltung US 2016/0206915 A1 des Stands der Technik.[71]

Die zweite Entgegenhaltung des Stands der Technik ist die US 5785631, bei der erkennbar ist, dass deren Umstellung von einer sitzenden in eine liegende Position einen aufwendigen Einrichtungsprozess am Behandlungsgerät erfordert.

Die Abb. 7.32 und 7.33 zeigen die verschiedenen Trainingspositionen des Trainingsgeräts der Entgegenhaltung US 5785631.[72]

Der Hauptanspruch wurde daher abgeändert in:

1. „*Physiotherapeutische Vorrichtung zur Behandlung eines Patienten durch körperliche Bewegung umfassend:*
    einen Armtrainer (2) zur rotatorischen Bewegung der Arme des Patienten mit einer ersten Achse und
    einen Beintrainer (1) zur rotatorischen Bewegung der Beine des Patienten mit einer zweiten Achse, wobei die erste und die zweite Achse eine Höhenverstellbarkeit aufweisen,
    wobei der Abstand der ersten Achse zu der zweiten Achse konstant ist, wobei eine Höhenverstellbarkeit des Arm- und Beintrainers (1, 2) derart vorgesehen ist, dass bei einer Höhenverstellung der Armtrainer (2) und der Beintrainer (1) gleichmäßig mitwandern, sodass sich eine andere Trainingsposition des Patienten ergeben kann, wobei sich die Trainingsposition von einer sitzenden zu einer liegenden Position ändert, wobei die Vorrichtung ein Fußelement (10) und ein Körperelement (11) umfasst, wobei an dem Körperelement (11) der Armtrainer (2) und der Beintrainer (1) angeordnet sind,

---

[69] DPMA, https://depatisnet.dpma.de/DepatisNet/depatisnet?action=pdf&docid=DE102017122295A1&xxxfull=1, abgerufen am 19.10.2024.

[70] DPMA, https://depatisnet.dpma.de/DepatisNet/depatisnet?action=pdf&docid=DE102017122295A1&xxxfull=1, abgerufen am 19.10.2024.

[71] DPMA, https://depatisnet.dpma.de/DepatisNet/depatisnet?action=pdf&docid=US02016020691 5A1&xxxfull=1, abgerufen am 2.1.2025.

[72] DPMA, https://depatisnet.dpma.de/DepatisNet/depatisnet?action=pdf&docid=US0000057856 31A&xxxfull=1, abgerufen am 2.1.2025.

7.13 Beispiel 9: Physiotherapeutisches Gerät zur Rehabilitation

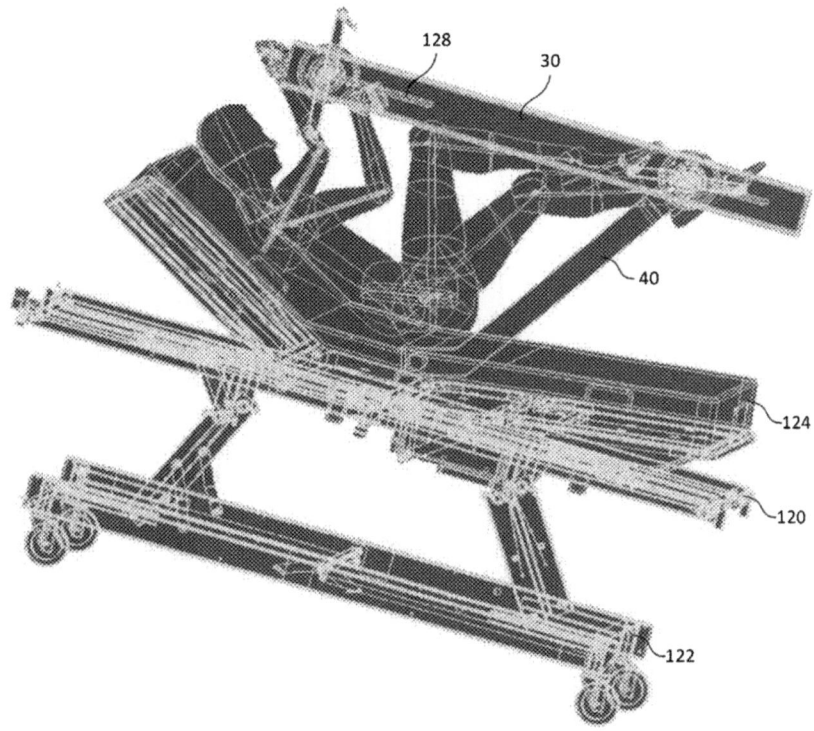

Abb. 7.31 Fig. 10 der US20160206915A1[73]

dadurch gekennzeichnet, dass sich die Höhenverstellbarkeit durch das Verschieben des Fußelements (10) gegenüber dem Körperelement (11) ergibt."[74]

Der Vorteil der erfindungsgemäßen Vorrichtung ist, dass die Verstellbarkeit sehr einfach erfolgen kann, was dem Patienten die selbsttätige Umrüstung ermöglicht bzw. dem Pflegepersonal die Einrichtung der Behandlungsgeräte erleichtert. Ein weiterer Vorteil ist, dass das Behandlungsgerät einen definierten Raumbedarf hat und nicht durch seine Umrüstung einen erhöhten Platzangebot benötigt.

Die neue Aufgabe wurde als das Bereitstellen einer Vorrichtung formuliert, die ein vorgegebenes Platzvolumen effizient nutzt, um eine sitzende und eine liegende Trainingsposition zu ermöglichen.[75]

---

[73] DPMA, https://depatisnet.dpma.de/DepatisNet/depatisnet?action=pdf&docid=US020160206915A1&xxxfull=1, abgerufen am 29.5.2025.

[74] EPA, https://register.epo.org/application?documentId=LR94J1HMBEML2Y2&number=EP18778844&lng=de&npl=false, abgerufen am 22.10.2024.

[75] EPA, https://register.epo.org/application?documentId=E6GX3EAR5431DSU&number=EP18778844&lng=de&npl=false, abgerufen am 22.10.2024.

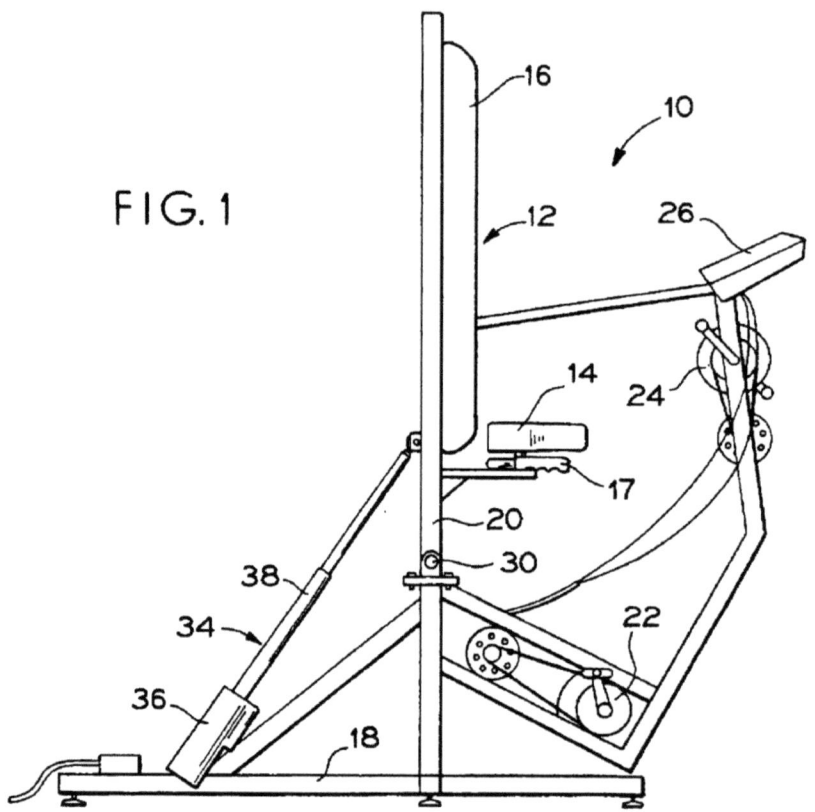

Abb. 7.32 Fig. 1 der US5785631[76]

Die Abb. 7.34 zeigt die erfindungsgemäße Vorrichtung.[77]

7.14 Beispiel 10: Eckverbindung für Blechkanäle

Die eigene Patentanmeldung EP 3964764 (EP 21193706.5) befasst sich mit Blechkanalabschnitten, die beispielsweise als Belüftungssystem eingesetzt werden. Im Stand der Technik werden die einzelnen Blechkanalabschnitte verschraubt, was zeitaufwendig ist.

Die technische Aufgabe der eigenen Anmeldung lautete daher zunächst:

---

[76] DPMA, https://depatisnet.dpma.de/DepatisNet/depatisnet?action=pdf&docid=US000005785631A&xxxfull=1, abgerufen am 29.5.2025.
[77] DPMA, https://depatisnet.dpma.de/DepatisNet/depatisnet?action=pdf&docid=DE102017122295A1&xxxfull=1, abgerufen am 2.1.2025.

7.14 Beispiel 10: Eckverbindung für Blechkanäle

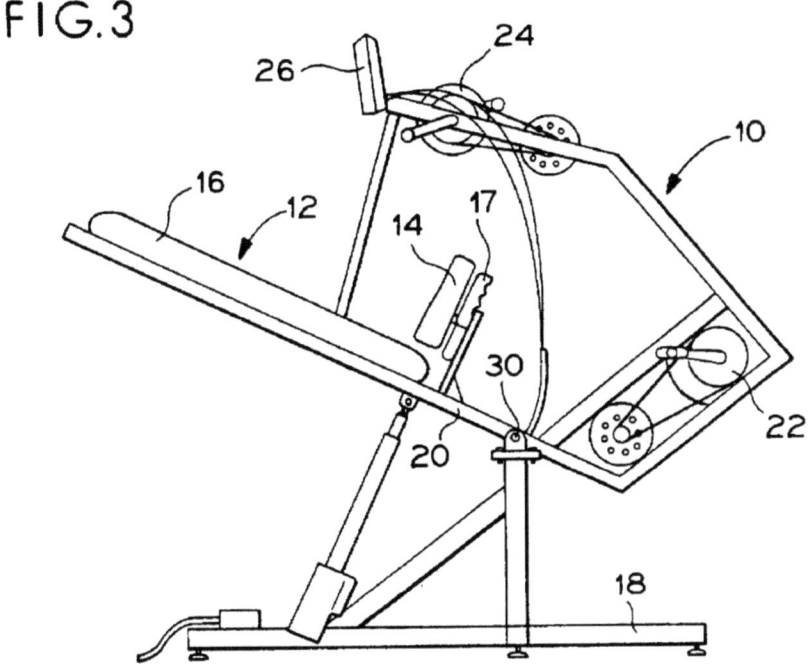

Abb. 7.33 Fig. 3 der US5785631[78]

„Eine Aufgabe der Erfindung ist es daher, eine Vorrichtung zur Verfügung zu stellen, die ein dichtes Zusammensetzen einzelner Blechkanalabschnitte ermöglicht. Außerdem soll durch die erfindungsgemäße Vorrichtung die Produktionsdauer des Zusammensetzens einzelner Blechkanalabschnitte verkürzt werden."[79]

Der Hauptanspruch lautete:

1. „*Verbindungselement (7) zum lösbaren oder unlösbaren Verbinden eines ersten und eines zweiten Rahmenprofils (4) an einem ersten und einem zweiten Blechkanalabschnitt (2), wobei das Verbindungselement (7) ein Hohlprofil mit einer Gehrungsöffnung (6) ist, das an der Gehrungsöffnung (6) eine Biegung aufweist.*"[80]

---

[78] DPMA, https://depatisnet.dpma.de/DepatisNet/depatisnet?action=pdf&docid=US000005785631A&xxxfull=1, abgerufen am 29.5.2025.
[79] EPA, https://register.epo.org/application?documentId=E6NSOLYT3392DSU&number=EP21193706&lng=de&npl=false, abgerufen am 6.12.2024.
[80] EPA, https://register.epo.org/application?documentId=E6NSOL200104DSU&number=EP21193706&lng=de&npl=false, abgerufen am 6.12.2024.

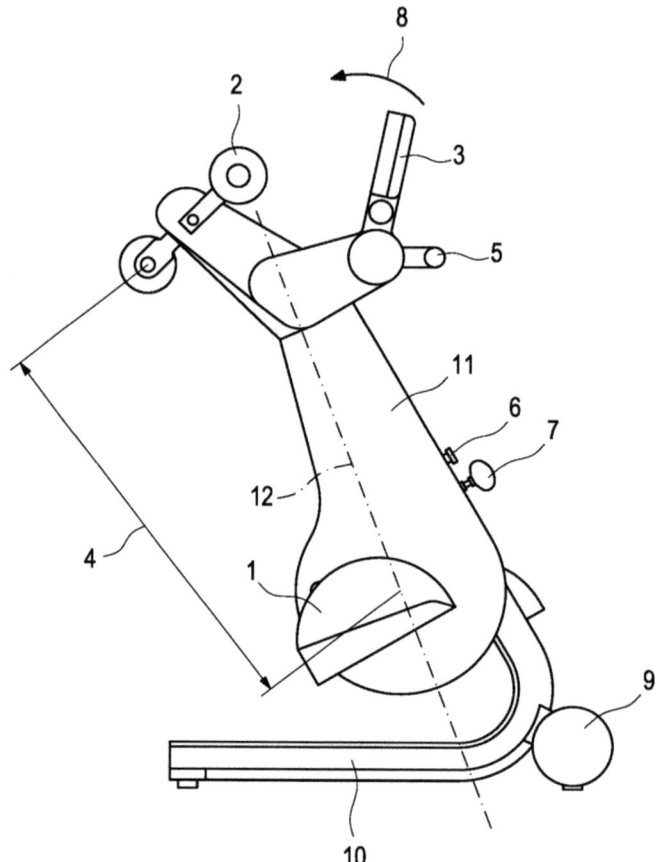

Abb. 7.34 Fig. 1 der DE102017122295A1[81]

Die Abb. 7.35 zeigt den Stand der Technik, der in der eigenen Anmeldung beschrieben ist, mit den Blechkanalabschnitten 2 an die Rahmenprofile 4 mit Verbindungselementen 5 befestigt sind. Die Rahmenprofile 4 werden mit einer Schraubverbindung 1 und 3 verbunden.

Die Abb. 7.36 zeigt die eigene Erfindung, wobei die Schraubverbindung 1 und 3 des Stands der Technik durch Profile 7 mit Gehrungsschnitt ersetzt sind.

Die Abb. 7.37 zeigt das erfindungsgemäße Verbindungselement 7 mit dem Gehrungsschnitt 6, der ein Knicken erlaubt und damit zu einem Verbindungselement für eine Ecke führt.

---

[81] DPMA, https://depatisnet.dpma.de/DepatisNet/depatisnet?action=pdf&docid=DE1020171222 95A1&xxxfull=1, abgerufen am 29.5.2025.

7.14 Beispiel 10: Eckverbindung für Blechkanäle

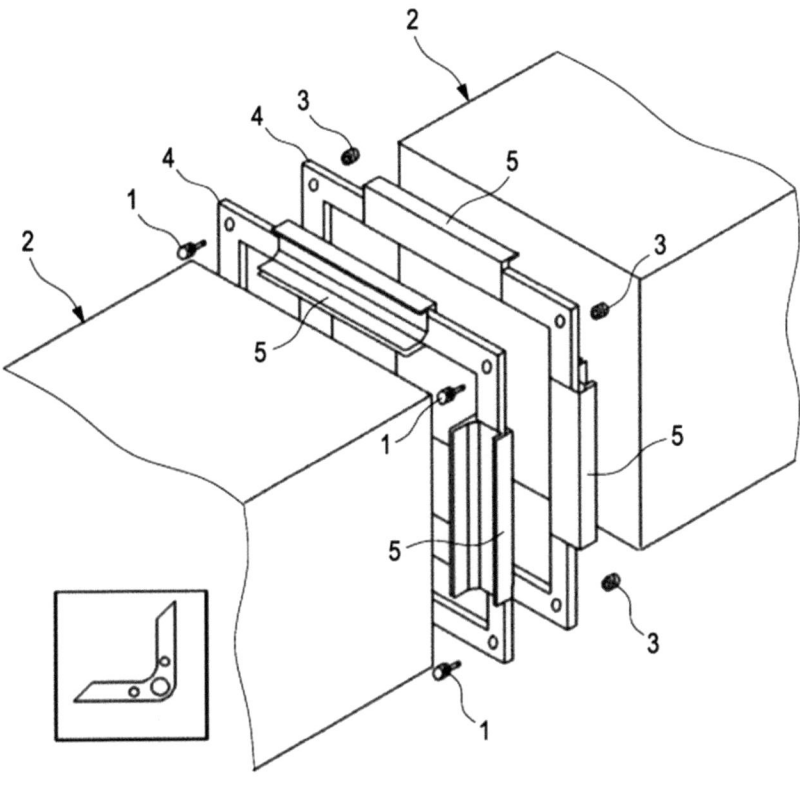

Fig. 2

Abb. 7.35 Fig. 2 der EP3964764[83]

Das Patentamt ermittelte die Entgegenhaltungen DE 29801851 U1 und US 5423576. Beide Dokumente zeigen ebenfalls Eckverbindungselemente, die Gehrungsschnitte aufweisen.

Die Abb. 7.38 zeigt Eckverbindungen für Blechkanalabschnitte der Entgegenhaltung DE 29801851 U1, die einen Gehrungsschnitt aufweisen.[82]

---

[82] DPMA, https://depatisnet.dpma.de/DepatisNet/depatisnet?action=pdf&docid=DE0000298018 51U1&xxxfull=1, abgerufen am 10.12.2024.
[83] DPMA, https://depatisnet.dpma.de/DepatisNet/depatisnet?action=pdf&docid=EP0000039647 64A1&xxxfull=1, abgerufen am 29.5.2025.

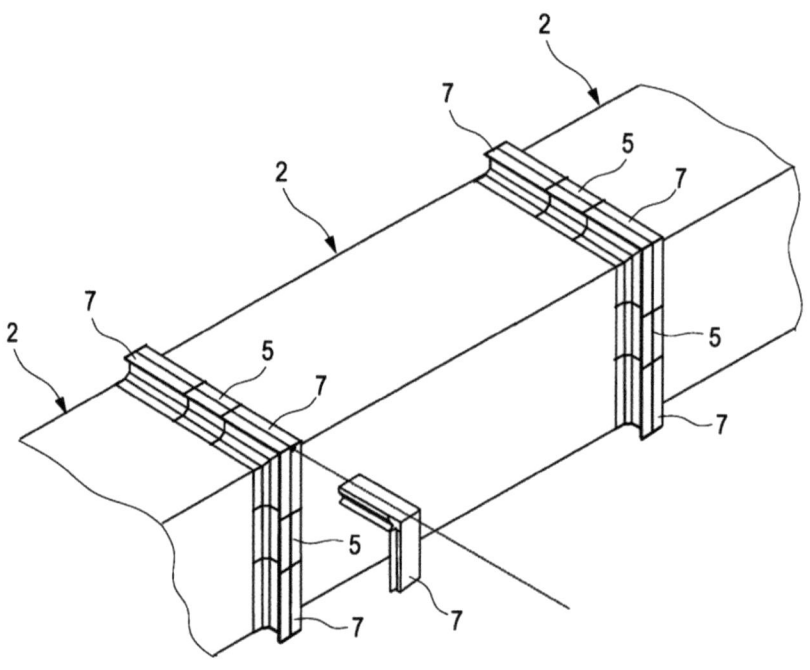

Fig. 8

Abb. 7.36 Fig. 8 der EP3964764[85]

Die Abb. 7.39 zeigt Blechkanalabschnitte der Entgegenhaltung US 5423576, die mit Clipverbindungen 30 zusammengefügt werden.[84]

Die Abb. 7.40 zeigt eine Clipverbindung der Entgegenhaltung US 5423576, die als Eckverbindungselement ausgebildet ist.

In der eigenen Anmeldung EP21193706.5 war das Merkmal enthalten:

„Durch eine besondere Gestaltung des Gehrungsschnitts 6 kann anschließend noch ein Befestigungsvorgang mittels Fügen, Umklappen oder Schweißen ergänzt werden. Insbesondere kann der Clip, das gebogene Hohlprofil 7, dadurch zusätzlich stabilisiert werden, dass der Gehrungsschnitt auf der hinteren Seite, am Kanal-Aufnahme-Schenkel unterbrochen ist. Dadurch bleibt ein Materialstreifen auf der anderen Schenkelseite stehen, der nach dem Biegen auf eine Seite umgeklappt werden kann.

---

[84] DPMA, https://depatisnet.dpma.de/DepatisNet/depatisnet?action=pdf&docid=US000005423576A&xxxfull=1, abgerufen am 2.1.2025.

[85] DPMA, https://depatisnet.dpma.de/DepatisNet/depatisnet?action=pdf&docid=EP000003964764A1&xxxfull=1, abgerufen am 29.5.2025.

7.14 Beispiel 10: Eckverbindung für Blechkanäle

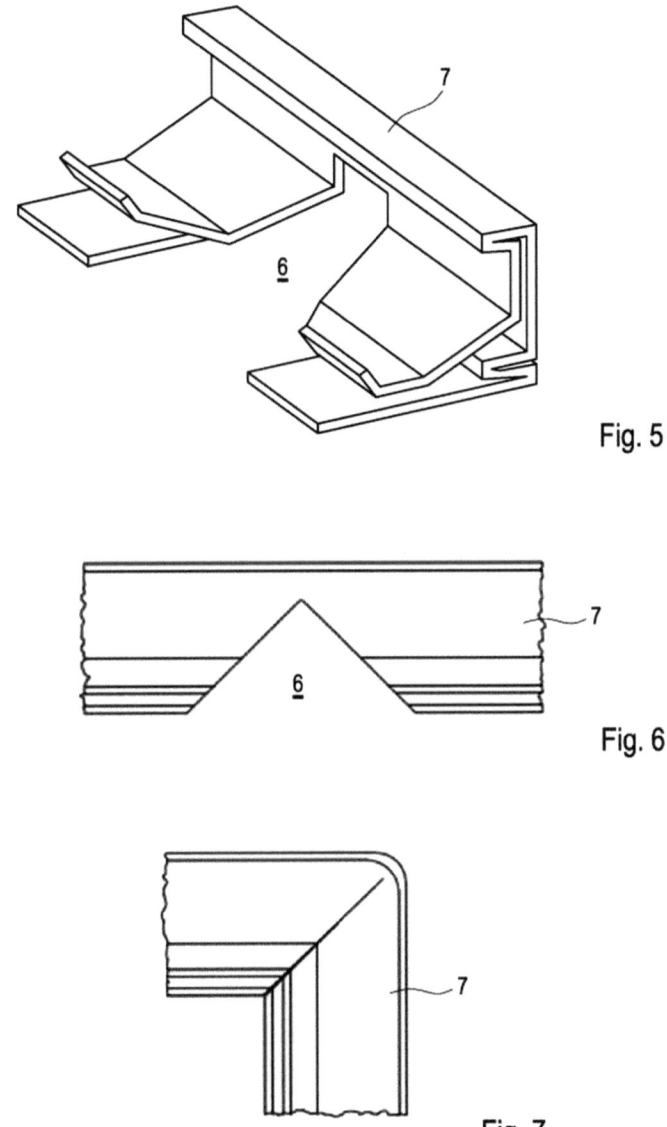

Abb. 7.37 Fig. 5 bis 7 der EP3964764[86]

---

[86] DPMA, https://depatisnet.dpma.de/DepatisNet/depatisnet?action=pdf&docid=EP0000039647 64A1&xxxfull=1, abgerufen am 29.5.2025.

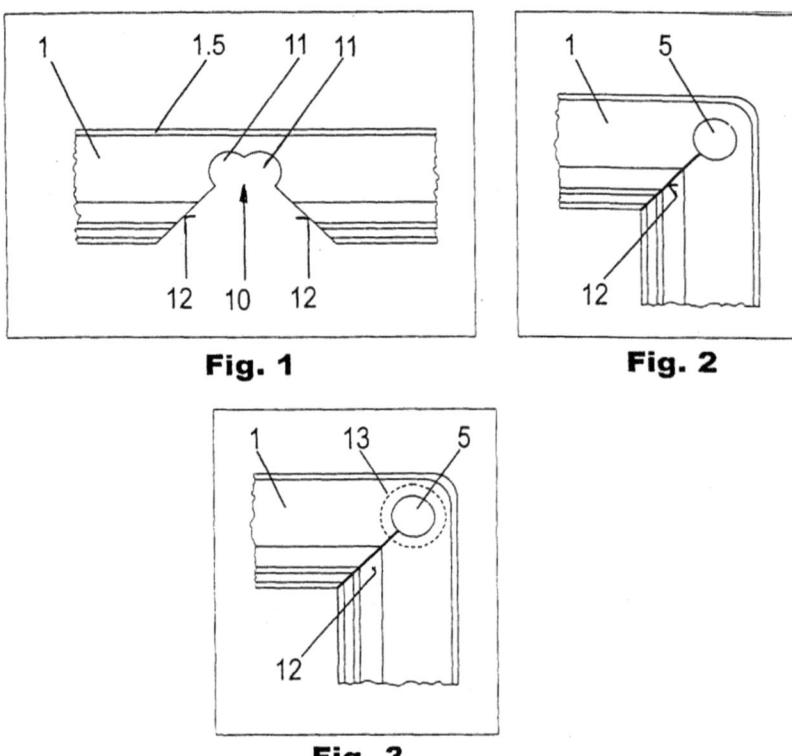

Abb. 7.38 Fig. 1 bis 3 der DE29801851U1[87]

Bei der Weiterverarbeitung des Rahmens, beim Aufbringen auf den Kanalabschnitt 2 werden beispielsweise Widerstandspunktschweißungen oder Fügepressungen vorgenommen. Mit einer solchen Punktschweißung auf den Überlappungen der Gehrung lässt sich die mechanische Stabilität erhöhen."[88]

Daraus konnte das Merkmal entnommen werden, dass nach dem Umklappen durch ein Verschweißen überlappender Abschnitte ein mechanisch stabiles Eckverbindungselement hergestellt wird.

Die neue technische Aufgabe lautet daher: Bereitstellen eines Eckverbindungselements zum Zusammenfügen von Blechkanalabschnitten durch Clipsen, das mechanisch besonders stabil ausgeführt ist.

Ein neuer Hauptanspruch könnte daher lauten:

---

[87] DPMA, https://depatisnet.dpma.de/DepatisNet/depatisnet?action=pdf&docid=DE000029801851U1&xxxfull=1, abgerufen am 29.5.2025.

[88] EPA, https://register.epo.org/application?documentId=E6NSOLYT3392DSU&number=EP21193706&lng=de&npl=false, abgerufen am 31.12.2024.

7.14 Beispiel 10: Eckverbindung für Blechkanäle

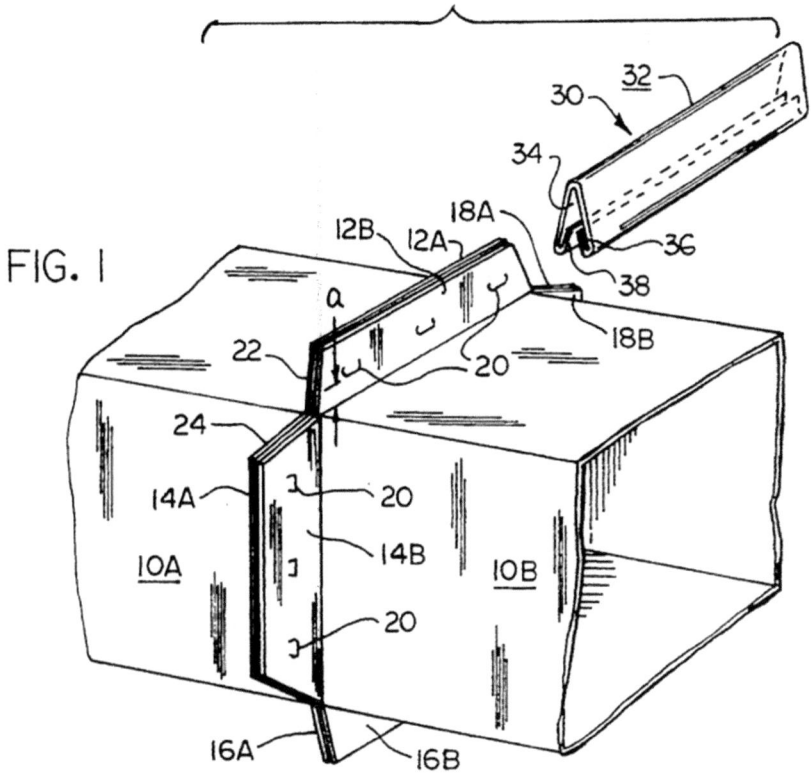

Abb. 7.39 Fig. 1 der US5423576[89]

1. Verbindungselement (7) zum lösbaren oder unlösbaren Verbinden eines ersten und eines zweiten Rahmenprofils (4) an einem ersten und einem zweiten Blechkanalabschnitt (2), wobei das Verbindungselement (7) ein Hohlprofil mit einer Gehrungsöffnung (6) ist, das an der Gehrungsöffnung (6) eine Biegung aufweist, wobei durch das Umklappen an der Gehrungsöffnung (6) überlappende Abschnitte durch Verschweißen verbunden werden.

---

[89] DPMA, https://depatisnet.dpma.de/DepatisNet/depatisnet?action=pdf&docid=US0000054235 76A&xxxfull=1, abgerufen am 29.5.2025.

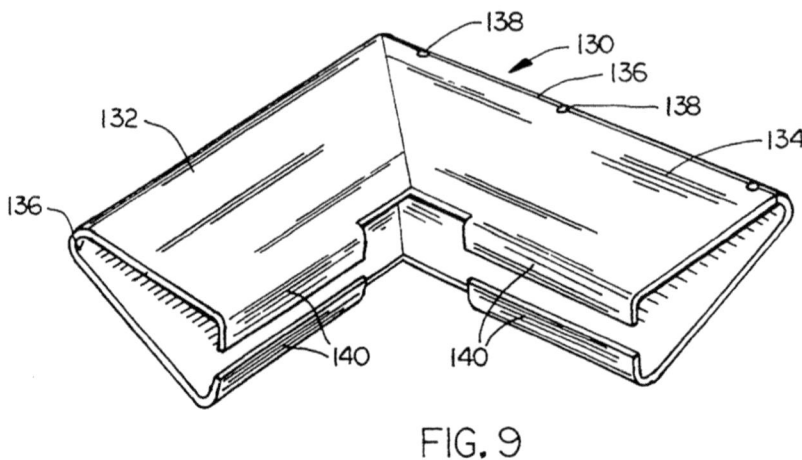

Abb. 7.40 Fig. 9 der US5423576[90]

---

[90] DPMA, https://depatisnet.dpma.de/DepatisNet/depatisnet?action=pdf&docid=US000005423576A&xxxfull=1, abgerufen am 29.5.2025.

Stichwortverzeichnis

A
Abmessung, 55
Abstraktion, 55
Aggregation, 62
Alternative, 57, 59, 71
Anspornungstheorie, 3
Anspruch, 12, 14, 24–30, 77
Anspruchsformulierung, 14, 24, 26, 30
Anspruchssatz, 27
Anteil, erfinderischer, 57
Anwendbarkeit, gewerbliche, 7
Anwendung, analoge, 56
Anwendungsanspruch, 28
Anzeichen, 58, 68
Arzneimittel, 10
Aufgabe-Lösungs-Ansatz, 48, 49
Aufgabe, technische, 13, 17, 20, 30, 35, 40, 42, 48, 71
Ausführbarkeit, 6, 7, 12
Ausführungsform, 7, 55, 70, 88, 98
Auslegung, 7, 12–15, 23–31, 34
Auswahlerfindung, 57
Automatisierung, 44, 57

B
Bedarf, 106
Behandlung, chirurgische oder therapeutische, 10
Belohnungstheorie, 4
Benutzung, 23, 40, 70
Beschwerdesenat, 8, 9
Betrachtungsweise, rückschauende, 43

Beweisanzeichen, 2, 54–56, 58, 60, 62–66, 68–70
Bonus-Effekt, 58
Bundesgerichtshof, 9, 47

C
Charakter, technischer, 5
Computerisierung, 57
Could-Would-Test, 46

D
Definition der Erfindung, 5
Demonstrationsschrank, 9, 34, 36–38
Diagnostizierverfahren, 10
Digitalisierung, 44, 57
DPMA, 4, 47, 50, 76–78, 83, 85, 88–90, 93, 106, 109, 110, 115
Durchschnittsfachmann, 11–14, 16–18, 27, 63, 76

E
Effekt, vorteilhafter, 58, 71
Einfachheit, 58
Einzelzubereitung, 10
Entgegenhaltung, 17, 56, 74, 77
Entscheidungshilfe, 54
EPA, 4, 13, 14, 17, 19, 31, 35, 39–44, 47–51, 54, 55, 57–63, 67, 69, 71, 90, 91, 99, 100, 104, 105, 111, 113, 118
EPG, 4, 50
Erfindungshöhe, 2, 8, 9, 35–40, 44, 59, 71

Erfolgserwartung, 45, 59
Ergebnis, vorteilhaftes, 56
Erteilungsverfahren, 15, 25
Ertragsaussicht, wirtschaftliche, 59
Erzeugnisanspruch, 28
Experiment, 10, 69
Ex-Post-Betrachtung, 47, 48

F
Fachkönnen, 9, 11, 14, 15, 17–20, 24, 29–31, 33, 36, 43, 44, 58, 60, 61, 66, 71
Fachwelt, 57, 58, 62, 63, 68, 69
Fachwissen, 9, 13–15, 17–20, 24, 29–31, 33, 43, 45, 56
Formschöpfung, ästhetische, 10
Fortschritt, technischer, 2, 67

G
Gebiet
    benachbartes technisches, 56
    technisches, 12–14, 16–18, 20, 36, 40, 45, 47, 48, 56, 59, 61, 70
Gebrauchsmuster, 6, 8, 37
Gesetzgeber, 5, 8

H
Hauptanspruch, 27, 74, 76, 77, 80, 83, 85, 86, 90, 91, 100, 102–104, 108, 110, 113, 118
Herstellungsanspruch, 28
Hilfskriterium, 54
Hürde, 62

I
Indiz, 54, 55

K
KI (Künstliche Intelligenz), 16, 20, 21
Kombination, 39, 45, 46, 48, 58, 61, 62
Kombinationserfindung, 61, 62
Können, handwerkliches, 60
Kunstfigur, fiktive, 11

L
Legaldefinition, 5
Lehrbuch, 56
Lehre, technische, 5, 10, 12, 24, 25, 33, 36, 39, 43–47, 56, 60, 63–65, 68, 70, 71, 97
Leistung
    erfinderische, 55, 57, 63, 65, 66, 70, 71
    kaufmännische, 61
Lösung, kostengünstige, 58

M
Marktteilnehmer, 63
Massenartikel, 62, 63
Maßnahme, handwerkliche, 60
Merkmal, 7, 24, 27, 38, 39, 48, 49, 62, 73, 76–78, 81, 83, 91, 104
Methode, mathematische, 10
Monopolrecht, 4, 9

N
Nacharbeitbarkeit, 12
Nachweis, 56, 69, 73
Nebenanspruch, 27
Neuheitsschädlichkeit, 12

O
Offenbarung, 7, 12, 14, 16, 18, 26
Optimierung, 44, 66

P
Parallelanmeldung, 66
Patentamt, 1, 2, 4–7, 15, 25, 39, 41–43, 46, 49–51, 54, 76, 77, 80, 81, 85, 89, 95, 100, 110, 115
Patentanspruch, 12, 25
    abhängiger, 24
    unabhängiger, 24
Patentdurchsetzung, 24
Patenterteilung, 8, 34, 36, 37, 44, 59, 64, 79
Patentfähigkeit, 2, 5, 12, 14, 16, 18, 61, 64, 66
Patentgesetz
    von 1877, 1, 2
    von 1978, 2
Patentinhaber, 23, 26
Patentkategorie, 27

Patentverletzung, 12, 13, 24, 25, 29, 30
Patentwürdigkeit, 63
Prioritätstag, 6, 17, 31, 35, 39, 41, 43
Problem-Solution-Approach, 48
Prüfer, 25, 76
Prüfungsschema, 47, 50

R
Recherche, 61
Rechtsbegriff, unbestimmter, 7, 36
Rechtsbeschwerde, 9
Rechtsbeständigkeit, 8, 12
Rechtsfolge, 26, 36
Rechtsnorm, 26, 27, 34
Rechtssicherheit, 14, 16, 24, 26, 27
Richter, 20
Routine, 64, 67
Rüstzeug des Fachmanns, 67

S
Schutzbereich, 12
Schutzumfang, 12, 23–25
Schwierigkeit, 37, 45, 56, 67
Sinngehalt, 24, 28, 29
Softwarepatent, 5
Stand der Technik
    gattungsfremder, 59
    nächstliegender, 16, 39–41, 48–50, 76
    nachveröffentlichter, 41
Stoffanspruch, 28
Subsumption, 34
Synergieeffekt, 62

T
Technik, 5–9, 12–18, 24, 25, 30, 31, 34–37, 39–50, 56, 58, 59, 61, 62, 64, 65, 71, 74, 76, 77, 81, 83, 86, 88–90, 98, 103, 110, 112, 114
Technizität, 5
Teilaufgabe, 56
Theorie, wissenschaftliche, 10
Trend, 44, 57, 66
Trial and Error, 69

U
Übertragung, 56, 59, 69
Umkehrung, kinematische, 61
Unteranspruch, 27
Unterlassungsanspruch, 24
Unterscheidungsmerkmal, 48, 49, 74–76
Urteil, 14, 26, 27, 30, 44, 45, 54, 65, 70

V
Verbietungsrecht, 10, 23
Verfahrensanspruch, 28
Verletzungsform, 12
Verwendung, 21, 49, 65, 69
Vorrichtungsanspruch, 28
Vorteil, unerwarteter, 55
Vorurteil, technisches, 68

W
Wahl, glückliche, 57
Wettbewerber, 64, 65
Wissen, technisches, 36, 60
Wortsinn, 28

Z
Zeitraum, 58, 62, 70
Zufall, 59, 60, 66

 Springer   springer.com

Ohne Anwalt zum Patent

Thomas Heinz Meitinger

Anleitung zur Erstellung wertvoller Patente und Gebrauchsmuster

Springer Vieweg

Jetzt bestellen:
link.springer.com/978-3-662-63822-4

springer.com

Ratgeber für Arbeitnehmererfinder

Thomas Heinz Meitinger

Rechte und Pflichten des erfinderischen Arbeitnehmers

Springer Vieweg

Jetzt bestellen:
link.springer.com/978-3-662-64816-2

Patentstrategien

Thomas Heinz Meitinger

Patentanmeldestrategien und Abwehr störender Patente

Springer Vieweg

Jetzt bestellen:
link.springer.com/978-3-662-65088-2

MIX
Papier aus verantwortungsvollen Quellen
Paper from responsible sources
FSC® C105338

If you have any concerns about our products,
you can contact us on
ProductSafety@springernature.com

In case Publisher is established outside the EU,
the EU authorized representative is:
**Springer Nature Customer Service Center GmbH
Europaplatz 3, 69115 Heidelberg, Germany**

Printed by Libri Plureos GmbH
in Hamburg, Germany